NHK
趣味の園芸

12か月
栽培ナビ

コチョウラン

富山昌克
Tomiyama Masakatsu

12か月
栽培ナビ
Phalaenopsis

目次 Contents

本書の使い方 …………………………………… 4
こんなにいっぱいコチョウランの花の魅力 ………… 5
コチョウランはどんな植物？ ……………………… 6
コチョウランの株と花のつくり …………………… 8
麗しいコチョウランの数々 ……………………… 10

コチョウラン栽培の基本　　20

一年中明るい窓辺で育てる…………………………20
水やりするときの水温を意識 ………………………21
培養土ではなく、水ゴケで栽培 ……………………21
三要素等量の肥料と、リン酸分の多い肥料を用意 ……24

| 温度で異なる生育サイクル | 26 |

| コチョウランの年間の作業・管理暦 | 28 |

12か月栽培ナビ　31

- 1月 …… 32
- 2月 …… 34
- 3月 …… 38
- 4月 …… 42
- 5月 …… 48
- 6月 …… 54
- 7月 …… 62
- 8月 …… 64
- 9月 …… 66
- 10月 …… 68
- 11月 …… 72
- 12月 …… 74

| 保温設備を使った栽培 | 76 |

| トラブルレスキュー！ 困ったときのQ&A | 81 |

| 徹底解説！ 病害虫防除 | 91 |

本書の使い方

ナビちゃん
毎月の栽培方法を紹介してくれる「12か月栽培ナビシリーズ」のナビゲーター。どんな植物でもうまく紹介できるか、じつは少し緊張気味。

本書はコチョウランの栽培にあたって、1月から12月に分けて、月ごとの作業や管理を詳しく解説しています。また、困ったときのQ&Aや病害虫防除の方法も、わかりやすく紹介しています。

* 「麗しいコチョウランの数々」

（10～19ページ）では、定番の花色や模様の紹介に加え、人気の高いミニタイプのコチョウランについても紹介しています。

* 「コチョウラン栽培の基本」
「温度で異なる生育サイクル」

（20～27ページ）では、コチョウランの栽培方法の基本と生育サイクルについて紹介しています。

* 「12か月栽培ナビ」（31～75ページ）では、月ごとの作業を、初心者でも必ず行ってほしい 基本 と、中・上級者で余裕があれば挑戦したい トライ の2段階に分けて解説しています。

今月の管理の要点をリストアップ

今月の作業をリストアップ

基本 初心者でも必ず行ってほしい作業

トライ 中・上級者で余裕があれば挑戦したい作業

* 「困ったときのQ&A」

（81～90ページ）では、よくある栽培上の質問に答えています。

* 「徹底解説！ 病害虫防除」

（91～95ページ）では、コチョウランに発生する主な病害虫とその対策方法を解説しています。

- 本書は関東地方以西を基準にして解説しています。地域や気候により、生育状態や開花期、作業適期などは異なります。また、水やりや肥料の分量などはあくまで目安です。植物の状態を見て加減してください。
- 種苗法により、種苗登録された品種については譲渡・販売目的での無断増殖は禁止されています。さし木、さし芽、メリクロンなどの栄養繁殖を行う場合は事前によく確認しましょう。
- 薬剤散布をするときは、風のない日を選び、ご近所に連絡してから行いましょう。

こんなにいっぱい コチョウランの花の魅力

1 華麗な花が群れて咲く
誰しもが魅せられるのは、蝶の群舞を思わせる豪華な花姿です。透き通るような白花の清潔感、ピンク花の華麗さなど、コチョウランにはほかの花にはない、独特の気品があります。

2 花もちがよく長く楽しめる
花の寿命は、ほかの洋ランと比べてもかなり長く、2〜3か月咲き続け、長く観賞することができます。

3 二番花が楽しめる
花後に花茎を切り戻すと、2〜3か月後に二番花が咲くことがあります。一番花、二番花と合わせると1年の間に4か月近く花が楽しめます。

4 栽培に場所をとらない
長く伸びた花茎や花の大きさに目を奪われがちですが、株自体は鉢花程度の大きさです。ギフトの大株は2〜3株を寄せ鉢にしたもの。花後に1株ずつ別の鉢で栽培すると、あまり場所はとりません。

5 明るい窓辺があれば育てられる
暖かいマンションなら冬の最低温度が15℃以上に保てるので、明るい窓辺に置いて育てれば、花を咲かせることが可能です。一戸建ての場合も冬の間、最低温度15℃近くを保てば、開花期が5〜6月にずれることはあっても、十分に花を楽しむことができます。

ギフトの株は栄養管理の行き届いたボディービルダー

- 花がたくさん咲きそろう
- 1輪が大きい
- 花茎が2本伸びることも
- 緑色が濃い
- 1株に大きく厚い葉が6〜8枚

＊家庭でもワーディアンケースやフレームケースがあれば、この株を目指せる（76ページ参照）。

一般家庭なら、明るい窓辺で育てて、スリムで健康的な姿を目指そう

- 花は小型で輪数は少なめだが毎年開花
- 葉は4枚以上

＊大きすぎず、小さすぎず、スリムな株。
＊一度室内の環境に慣れると意外にたくましい。

コチョウランはどんな植物？

コチョウランの語源

　日本では蝶が舞う優雅さを連想することから「胡蝶蘭」と表記するコチョウランですが、学名をファレノプシス（*Phalaenopsis*）、略称はファレ（*Phal.*）といいます。

　ギリシャ語の phalaina（蛾(が)）と opsis（見かけ）の２語からなり、「蛾のような」という意味になります。英語名は「モス・オーキッド」といい、こちらも「蛾のラン」という意味です。基準種であるファレノプシス・アマビリスの花の形が、熱帯に生息する蛾に似ていることが由来とされていますが、東西の文化、感性の違いが花への命名の差となって現れているのは興味深いことです。

　なお、ファレノプシスと近縁属のドリティス（*Doritis*）、および両者の属間交配によるドリテノプシス（*Doritaenopsis*）もコチョウランとして扱われます。

コチョウランの自生地。インドネシア、ジャワ島西部。標高は海抜900m付近。

コチョウランは着生ランで、木の幹や枝などに根を付着させ生育している。

自生地はアジアの熱帯から亜熱帯

　ファレノプシスは東南アジアを中心にヒマラヤ山脈の山麓、インド、中国南部、台湾から、スマトラ島、ボルネオ島、フィリピン、ニューギニア島、マレー半島、インドネシア、オーストラリア北部まで約50種が分布しています。

　ラン科植物には地上で生活する地生ランと樹上で生活する着生ランがありますが、コチョウランは着生種で、木漏れ日のさし込む比較的高い樹木に着生しています。

　自生地は熱帯から亜熱帯地方です。高温多湿ですが、高い樹木に着生しているため、非常に風通しのよい環境です。昼間は高温（約28℃）で風通しがよく、夜間はかなり冷え込みます（約18℃）。夜間は翌日の昼間に行う光合成に使うために十分な炭酸ガスを吸収しています。自生地の環境を理解し、自宅での栽培環境づくりに役立てましょう。

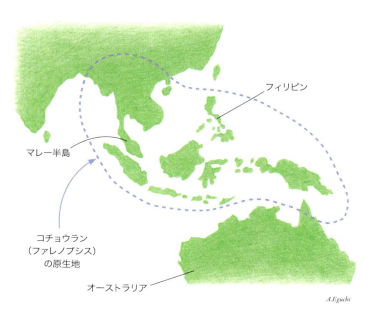

コチョウランの株と花のつくり

コチョウランは一般的な草花とは異なる株のつくりをしています。
栽培を始めるにあたって、各部位の名称や働きをよく覚えておきましょう。

株のつくり

花／花茎／葉／根

花のつくり

セパル(萼片)／ペタル(花弁)／ペタル(花弁)／セパル(萼片)／リップ(唇弁)／セパル(萼片)

3枚のセパルと2枚のペタル、1枚のリップで構成されています。花は平らに開き、弁質は薄いものから厚いものまであります。花色は白、桃色、紫紅、黄、緑色、斑模様が入るものなどさまざまです。花の大きさは1cmから15cmまで幅があります。

葉

茎は短く、互い違いに長楕円形の葉を2列につけます。葉は多肉質で緑葉の系統と斑入り模様葉の系統に分けられます。普通は常緑性ですが、落葉性のものもあります。

根

一般の草花と異なり、根が白い海綿状組織で覆われています。水分を吸収する以外に、樹木などに着生する働きがあります。植え替え時には根のつけ根を折らないように注意します。

花茎

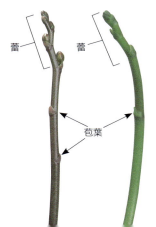

花茎の色は緑色と茶色があり、長さにも長短があります。種類によっては枝分かれします。花は1輪から数輪、もしくは多数の花がつくものもあります。また、ビオラセアなどの一部の原種は花後も花茎が枯れず、伸長し続けます。なお、苞葉のつけ根は節とも呼ばれます。蕾は苞葉がやや開いて、出てきます。

麗しいコチョウランの数々

コチョウランは一目惚れで選ぶのが一番

ギフト用のものなど、一般に出回っているコチョウランの多くは交配種。毎年新品種が出回りますが、新しい花形・花色・模様をもったものはほとんどなく、定番の花姿をしたコチョウランが出回ります。そのため、しっかり品種名がつけられているものは、ごくわずか。名前がないので、同じコチョウランにもう一度巡り合うのは非常に困難です。コチョウランは一目惚れした、その瞬間が買いどきです！

Phalaenopsis 白花系の交配種

最も人気が高い種類です。
多くは、白花中輪の原種アマビリスや
アフロディテなどをかけ合わせ、
美しい花を選別し、
交配し続けて生まれたもの。
花の大きさは最大 15cm に達します。

↑ ソゴ・ユキディアン 'V3'。白花といっても真っ白なものはなく、リップに薄い黄色が入るものが多い。

→ 中心が赤いものはセミアルバ、白弁赤リップとも呼ばれる。

ピンク花系 の交配種
Phalaenopsis

大輪系の多くは
ドリテノプシスの仲間。
シレリアーナなどのピンクの原種と
鮮赤色の小輪花
ドリティス・プルケリマという
近縁属との交配によって
つくられました。

↓ 花弁が薄いピンクの人気が高い品種。リップに薄い黄色が入る。

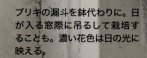

ブリキの漏斗を鉢代わりに。日が入る窓際に吊るして栽培することも。濃い花色は日の光に映える。

リップが赤く、花弁が淡い黄色の品種。最近はオレンジ色の品種も出てきている。

Phalaenopsis 黄花系の交配種

花弁の厚いものが多い黄色の原種に
大輪整形の白花を
交配してつくられたものが多く、
黄花原種の花色と花弁の厚さ、
白花大輪の花の大きさ、
輪数の多さをあわせもった個体が
選別されています。

→ 黄花の品種は育種が難しいため、数が少ない。色が濃い品種ほど難しい。

スポット系

Phalaenopsis
模様が入る
交配種

スポット系は点花、
ストライプ系は筋花とも呼ばれます。
スプラッシュ系とは、
花弁の中心から外側に向かって
線状に模様が入るもの。
単色だけでなく、
花にさまざまな模様が入る
種類があることも、
コチョウランの楽しみです。

↑ 点のなかにも、どの花にも毎回入る安定した点と、入らないときがある不安定な点がある。

← 花全体に細かい点が入った品種。点花の品種は特に海外で人気が高い。

ストライプ系

筋が花全体に入った品種。花の模様が栽培環境に左右されないのもコチョウランの特徴。

覆輪のように、濃い赤の模様が入る品種。白い花弁によく映える。

スプラッシュ系

↑'タイワンレッドキャット'。赤の濃淡で入る模様が美しい。

↑ 場所をとらないので、窓際のスペースに複数並べることも。

Phalaenopsis ミニタイプ

ミニはピンクの小輪原種どうしが交配され、
強健な品種が作出されています。
花茎が分かれて、
花をたくさんつけるものもあり、
かわいらしさのなかにも豪華さがあり、
近年人気が高まっています。

→ ギフト用にデコレーションされたミニコチョウランも出回っている。

苔玉に仕立てて楽しめるのも
ミニサイズならでは。つくり
方は60ページ。

ファレノプシス・
ビオラセア

Phalaenopsis

原種

東南アジアを中心に50種ほどが分布しています。
交配親として利用され、
現在の大輪白花系はアマビリスを
繰り返し交配した結果だといえるでしょう。
また、原種ならではの素朴さ、かわいらしさが、
愛好家の間で人気です。
大輪交配種に比べ丈夫で、
育てやすいのも魅力の一つです。

ファレノプシス・アマビリス

ファレノプシス・エクエストリス

ファレノプシス・ウィルソニー

ファレノプシス・
パリシー

Phalaenopsis こんなコチョウランも

白花の3本仕立てが
贈答用のコチョウランの定番でしたが、
近年は花に模様を描いたり、
花が上下に並ぶように誘引したりなど、
目新しさで注目を集めるコチョウランも
出てきています。

↑ 青い染色液を吸わせることで、花弁を青く染めたコチョウラン。

→ 花弁に色鮮やかな模様が描かれたコチョウラン。

←花茎の長さを調整して、花が上下2段に並ぶように誘引したコチョウラン。

コチョウラン
栽培の基本

一年中明るい窓辺で育てる

　コチョウランは数日間、最低温度が15℃を切る場所に置くと生育がほぼ止まり、7℃を切る場所に置くと枯死してしまいます。そのため冬越しのために温室などの保温・加温設備が必要だと考えられていました。

　しかし、近年マンションを中心に住宅環境の気密性が高まり、冬でもふだん人が暮らしている部屋では、18～20℃の温度が安定して保てるようになってきています。そのため、室内で簡単にコチョウランを冬越しさせることができるようになりました。

　一方で、日本の夏の暑さはどんどん厳しいものになってきています。ひと昔前と比べ平均気温は上昇し、コチョウランにとってより過酷な環境になっているといわざるをえません。

　このような日本の環境変化を考えると、コチョウランを育てるには、室内の窓辺に置いて栽培するのが一番手間がかからずおすすめです。これまでは、冬は温室を用意したり、夏は遮光をしたりと、手間のかかるコチョウランでしたが、これからは一年中窓辺に置くだけで、毎年咲かせることができる身近な花として、もっと楽しんでみましょう。

水やりするときの水温を意識

コチョウランは鉢の中がずっとぬれていると、根腐れを起こしやすくなります。1回与えたら鉢内が乾くまで水やりをしないことが栽培の最大のコツといえます。数日、水やりを忘れたからといって、すぐにしなびて枯れてしまうことはありません。

冬は水道水の温度が、10℃を切り、5℃前後になっていることもあります。生育が緩慢な冬に、冷水を与えても、根は水を吸収することができません。その結果、鉢内が湿ったままになり、バクテリアが繁殖して根腐れを起こす原因になります。春や秋でも意外に水道水の水温が低いことがあります。水やりに使う水はなるべくくみ置きして、室温と同程度にしてから与えるようにしましょう。11〜4月は給湯器の設定温度を35℃にして、ぬるま湯を朝に与えましょう。

また、コチョウランの葉のつけ根は水がたまりやすい構造になっており、ずっとぬれたままになっていると病気が発生しやすくなります。葉に水をかけないように、水差しで株元に水やりすることも大切です。

培養土ではなく、水ゴケで栽培

コチョウランは本来、樹木の幹や枝の樹皮上に着生し、根は絶えず空気に触れています。雨が降ってもすぐに風により根の付近が乾燥するといった乾湿の差が非常に大きい環境下での生活です。

水ゴケなどのラン用の植え込み材料はこうした性質を踏まえて用いられるもので、基本的に一般の園芸用の培養土では代用できません。特に、よく用いられる赤玉土などは時間の経過とともに粒がつぶれて粘土質になり、根の呼吸を妨げ、根腐れの原因になります。絶対に使用しないようにしましょう。

Column

水やりの注意点

育てている株が、
鉢に単独で植えられているか、
寄せ植えにされているかで、
水やりの方法を変える
必要があります。

単植

植え込み材料の表面が乾いたのを確認し、割りばしを根鉢に差し込み、抜いてみて湿っていなければ、水やりを行います。水の与えすぎは厳禁なので、水の量を量り、鉢サイズによって与える量を変えていくのがコツです。3号鉢で（直径9cm）で約100㎖、3.5号鉢（直径10.5cm）では約150㎖を目安に水やりします。

寄せ植え

株元の水ゴケを取り外し、内部のポリポット1鉢ごとに鉢内の乾き具合を確認してからていねいに水やりします。鉢底から流れ出た水は受け皿にためないですぐに捨てるようにします。

単植の水やり

1 鉢の大きさに合った量の水を用意

3号鉢の場合。計量カップなどで約100㎖の水を用意。

2 植え込み材料に直接与える

鉢の縁からこぼれないようにゆっくりと株元に水を与える。

3 受け皿に水をためない

下の受け皿に流れ出した水は忘れずに捨てる。

栽培の基本

寄せ植えの水やり

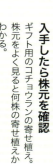

1 入手したら株元を確認

ギフト用のコチョウランの寄せ植え。株元をよく見ると何株の寄せ植えかわかる。

2 マルチングの水ゴケを取り除く

株元の水ゴケを取り除くと、たいていの場合はポリポットのまま寄せ植えにされている。

3 1鉢ごとに水を与える

ポリポット1鉢ごとに鉢内の乾き具合を確認してから、1鉢に対して水を約100mlずつ注ぎ込む。

4 受け皿に水をためない

鉢底から受け皿に水が流れ出すので、すぐに捨てる。

5 水ゴケを株元に戻す

先ほど取り除いておいた表面の水ゴケを元に戻す。

6 再度、受け皿の水を確認

さらに水が流れ出ることがあるので、これも忘れずに捨てる。

23

三要素等量の肥料と、リン酸分の多い肥料を用意

　成長期にはチッ素、リン酸、カリ分が等量(三要素等量)の肥料を施します。この肥料は葉をつくるのに適しているので、成長期に葉を十分に大きく成長させ、充実した株を育てる目的で用います。また、充実した株は9月ごろには花芽がつくられる花芽分化期に入りますが、このときにリン酸分の多い肥料を施すと花芽がつくられやすくなります。本書では株が十分に充実して育つ保温設備がある場合に施すことにしています(76ページ参照)。

　三要素等量の肥料には、N-P-K=8-8-8など、表示ラベルに記された各成分の比率が等しいものを使います。一方、リン酸分の多い肥料はチッ素(N)よりリン酸(P)の値が大きいもの、例えばN-P-K=6-40-6などを用いましょう。成分比率が適切であれば、洋ラン用以外の肥料でも利用できます。

液体肥料の使い方

　液体肥料は濃縮された原液か粉末肥料を水に溶かして使うのが一般的です。原液でも粉末のものでも1g=1mlと考えて、規定倍率が1000倍ならば、1mlを1ℓ(1000ml)の水で希釈します。肥料の施しすぎによる障害を防ぐため、実際にはさらに2倍の水(この場合では2ℓ)に薄めたものを施すほうが安全でしょう。

固形肥料の使い方

　置き肥には、緩効性化成肥料を用います。速効性のものを誤って使うと高濃度障害を起こすことがあるので、気をつけましょう。

　鉢サイズに合った規定量を守って施します。緩効性化成肥料は40～50日間効くものが多いのですが、毎月、前回施した分を取り除き、規定量を施し直したほうが安定した効果が望めます。

　なお、肥料の種類や施肥のタイミングは、温度管理によって変わっていくので、具体的には各月の解説に従ってください。

栽培の基本

Q 大きな花茎が3本出ているコチョウランの鉢植えをいただきました。どのように育てたらよいでしょうか。

A 5月まで、そのまま管理します。

　園芸店で販売されている贈答用のコチョウランは、2〜5株が寄せ植え（寄せ鉢）にされています。株元の水ゴケをそっと外すと、ポリポットのまま寄せ植えになっていることが確認できます。

　これはもともと1株で開花したものを化粧鉢に寄せ鉢にしたものです。マルチングされた水ゴケの上から水を与えていると、過湿になり、根腐れを起こしやすくなります。ポリポットごとに乾き具合を確かめ、水やりを行います（23ページ参照）。

　置き場の環境がよければそのまま育てることも可能ですが、管理は難しくなるので、5月になったら1株ずつ化粧鉢から取り出し、ポリポットと同サイズの素焼き鉢に植え替えるか、新しい水ゴケを根鉢のまわりに巻きつけて、一回り大きなサイズの素焼き鉢に鉢増ししましょう。

寄せ植えにされたギフト用のコチョウラン。

温度で異なる生育サイクル

コチョウランの生育サイクル(成長→花芽分化→花茎伸長→開花)は温度管理によって左右されます。特に寒い時期の最低温度が低くなると、成長に影響を与え、開花時期も遅くなります。自宅での栽培温度を理解しておきましょう。

最低温度が27℃以上あるとコチョウランは葉を一年中伸ばし続け(栄養成長)、花芽ができません。花芽ができるには、暖かかった温度が18℃まで下がるという低温条件が必要です。そして、花芽ができたあとも最低温度を18℃以上に保つことができれば、1か月前後で花茎が伸び始め、それから2〜3か月後に開花に至ります。

本書では、置き場として室内でもなるべく暖かい窓辺(最低温度15℃以上)を選び、冬の成長停滞を防いで、2〜4月に花を咲かせることを目指します。

温度とコチョウランの生育状況

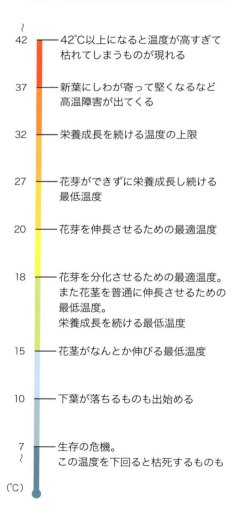

- 〜42 ── 42℃以上になると温度が高すぎて枯れてしまうものが現れる
- 37 ── 新葉にしわが寄って堅くなるなど高温障害が出てくる
- 32 ── 栄養成長を続ける温度の上限
- 27 ── 花芽ができずに栄養成長し続ける最低温度
- 20 ── 花芽を伸長させるための最適温度
- 18 ── 花芽を分化させるための最適温度。また花茎を普通に伸長させるための最低温度。栄養成長を続ける最低温度
- 15 ── 花茎がなんとか伸びる最低温度
- 10 ── 下葉が落ちるものも出始める
- 7〜 ── 生存の危機。この温度を下回ると枯死するものも

(℃)

温度管理による生育サイクルの違い

一戸建てなどの室内での栽培 (冬越しの最低温度 10 ～ 15℃)

マンションなどの気密性の高い室内での栽培 (冬越しの最低温度 15℃以上)

保温設備のある温室栽培 (冬越しの最低温度 18℃以上)

参考・月別の最低気温 (1981 ～ 2010 年の平均値)

月	1	2	3	4	5	6	7	8	9	10	11	12
東京	2.5	2.9	5.6	10.7	15.4	19.1	23.0	24.5	21.1	15.4	9.9	5.1
大阪	2.8	2.9	5.6	10.7	15.6	20.0	24.3	25.4	21.7	15.5	9.9	5.1

※この表に示した温度は戸外の風通しのよい日陰の気温です。
室内では建物のつくりによって3〜10℃高くなります。

コチョウランの年間の作業・管理暦

	1月	2月	3月	4月	5月

生育状態

マンションなどの場合 最低温度が15℃以上
- ゆっくりと成長
- 花茎伸長 / 開花

一戸建てなどの場合 最低温度が10℃以上15℃未満
- 成長停滞
- 花茎伸長停止 / 花茎伸長

管理

置き場 ☀
- 窓辺の明るい場所
- 冷え込む夜間は防寒対策

水やり 💧
- 乾いてから数日後
- 乾いてから1週間以上あと / 乾いてから数日後

肥料

主な作業

- 花茎を支柱に留める（最低温度15℃以上の場合） → p36
- 花茎を支柱に留める（最低温度15℃未満の場合） → p36
- 観賞用の支柱立て（最低温度15℃以上の場合） → p40
- 花茎切り（最低温度15℃以上の場合） → p46
- 植え替え

関東地方以西基準

	6月	7月	8月	9月	10月	11月	12月
	成長期		花芽分化			ゆっくりと成長	
			二番花の開花			花茎伸長	
	成長期		花芽分化			成長停滞	
	開花			二番花の開花		花茎伸長	
	直射日光の当たらない明るい窓辺（9月までは直射日光の当たらない明るい戸外でもよい）					窓辺の明るい場所 / 冷え込む夜間は防寒対策	
	乾いたらすぐ					乾いてから数日後	
	規定倍率の2倍に薄めた液体肥料を週1回（緩効性化成肥料を置き肥にしてもよい）						
	観賞用の支柱立て（最低温度15℃未満の場合） → p40						
	花茎切り（最低温度15℃未満の場合） → p46						
				二番花の花茎切り → p65			
	→ p50						

株を入手するには

原種や品種にこだわるなら専門店で

　コチョウランは1年を通して、花が咲いた状態の株が販売されているので、園芸店やラン専門店などで実際の花を見ながら、好みのものを選べます。

　毎年のように新しい名前の品種が出回る反面、来年も同じ品種がつくられ、販売されるとは限りません。数年たつと入手が難しくなる品種も珍しくありません。原種や古くから有名な品種を育てたい場合は、ラン専門店から入手するとよいでしょう。

株の状態をよく確認してから

　店頭で購入するときは花だけでなく、株の状態も確認しましょう。充実したよい株は、葉が厚く、斜め上向き（45度が目安）に大きく伸びていて、枚数が4枚以上ついたものです。葉の枚数が7～8枚あると、来年も花茎が2本伸びる場合があります。

冬に購入するときは環境の変化に注意

　販売されているのは、生産者の暖かい温室の中で育った株です。冬に店頭で購入するときは、寒い場所に陳列されている株は避けるようにします。今は花が咲いていても、寒さで株が傷んでしまっていることがあります。入手後も、外気やすき間風などの冷気に当てないように、暖かい場所で栽培するように努めます。

購入するときは花の輪数や花茎の多さに惑わされがち。葉を見て、左のように葉の枚数が多く、45度に立ち上がった株を選ぶと翌年も花が咲きやすい。

12か月
栽培ナビ

主な管理と作業を
月ごとにまとめて
紹介します。
自慢したくなるような
豪華な花を
咲かせましょう。

Phalaenopsis

January 1月

今月の管理

- ☀ 昼は窓辺、夜は部屋の中央
- 💧 乾いてから数日〜1週間以上あと
- 🌱 施さない
- 🛡 適切な温度・湿度で発生を予防

基本 基本の作業
トライ 中級・上級者向けの作業

1月のコチョウラン

1年で最も寒いのが1月下旬〜2月上旬。栽培で一番注意が必要な時期です。暖かい室内で最低温度15℃を確保できれば、花茎の伸長が少しずつ進みます。最低温度15℃を下回ると花茎や葉の成長は停滞します。株が傷んで枯れる可能性があるので、最低温度7℃を切らないようにします。12〜2月には下葉が1枚程度枯れることもありますが、株が健康であれば問題はありません。

ファレノプシス・タイダローレンス

管理

☀ 置き場：昼は明るい窓辺、夜は暖かい部屋の中央

昼間は明るい室内の窓辺に置き、できるだけガラス越しの日光に当てます。夜間は部屋中央のテーブルの上など、少しでも暖かい場所に移動させ、最低温度15℃以上に保ちます。最低温度7℃を切ると花芽や葉が枯れたり、ひどいと株が枯死したりするので、特に冷え込む日は注意します。ファンヒーターやストーブの熱風が直接当たるところには絶対に置かないようにしましょう。

日中も温度が下がる場合は、空気穴をあけた透明ビニール袋で鉢ごと全体を覆います。冬の間、株ごと衣装ケースに入れて栽培する方法もあります（86ページ参照）。

💧 水やり：乾いてから数日〜1週間以上あと

鉢内が乾く速度は、植え込み材料や室内の温度や通風などによって著しく異なります。植え込み材料の表面ではなく、内部に割りばしを差し込み、割りばしの先端が湿らなくなったら、乾いたと判断します（73ページ参照）。

今月の主な作業

- 基本 花茎を支柱に留める
- トライ 観賞用の支柱立て

1月上旬であれば乾いてから数日後、中旬以降であれば乾いてから1週間以上たったあと、いずれも朝に水やりを行います。3号鉢で約100 ml、3.5号鉢では約150 mlを目安に、30～40℃のぬるま湯を与えます。

万が一、最低温度が7℃を切ったときは、2月いっぱいまで、水やりはストップします。

肥料：不要
病害虫の防除：寒さによる病気、乾燥による害虫の発生に注意

カビによる病気の炭そ病、細菌による病気の軟腐病や褐斑細菌病などが発生することがあります。発病に気がついたら、直ちに病気の葉を切除し、処分します。これらの病気は低温になると発生しやすくなります。最低温度を高く保つように気をつけましょう。

冬の暖かい室内は乾燥気味になるため、コナカイガラムシやスリップスが発生することがあります。コナカイガラムシは使い古しの柔らかい歯ブラシや綿棒でこすり落とします。スリップスはマラソン乳剤などで防除します。ナメクジには誘殺剤をまくか、夜間に捕殺します。

主な作業

基本 花茎を支柱に留める
花茎を安定させ、鉢の転倒を防ぐ

冬に最低温度15℃以上を保つことができると、11月に出た花芽から花茎が少しずつ伸びて、2～3月に花が咲き始めます。重心がずれて鉢が倒れて花茎が折れないように、必要であればクリップで花茎と支柱を挟んで仮留めします（36ページ参照）。

トライ 観賞用の支柱立て
美しい花姿をつくる

花茎を支柱に誘引して、観賞にふさわしい花姿をつくることができます（40ページ参照）。

軟腐病が発生したら処分

最低温度7℃近くの低温が続くと抵抗力が失われて、細菌による軟腐病が発生しやすい。伝染するので発病した葉を切って処分する。

February
2月

基本 基本の作業
トライ 中級・上級者向けの作業

今月の管理

- ❄ 昼は窓辺、夜は部屋の中央
- 💧 乾いてから1週間以上あと
- ✕ 施さない
- 🐛 適切な温度・湿度で発生を予防

2月のコチョウラン

1年でも最も寒い時期が続きます。最低温度を15℃以上に保つと花茎の伸長が少しずつ進み、蕾がついて、なかには開花するものも出てきます。最低温度15℃より低いと生育は停滞したままです。最低温度7℃以下になると、葉や花芽が枯れたり、株が枯死したりすることもあるので、注意します。12～2月には下葉が1枚程度枯れることもありますが、株が健康であれば問題はありません。

ドリテノプシス・ファイアークラッカー
'マウントベルノン'

管理

❄ 置き場：昼は明るい窓辺、夜はできるだけ暖かく

毎日、最高最低温度計でチェックし、最低温度7℃を切らないような環境づくりを行うことが大切です。昼間は明るい室内の窓辺に置き、できるだけガラス越しの日光に当てます。夜間は部屋中央のテーブルの上など、少しでも暖かい場所に移動させ、最低温度15℃以上に保ちます。ファンヒーターやストーブの熱風が直接当たるところは避けてください。

温度が保てなければ、空気穴をあけた透明ビニール袋で覆います（70ページ参照）。衣装ケースに入れて保護している場合はそのまま栽培します（86ページ参照）。

💧 水やり：乾いてから1週間以上あと

植え込み材料の中に割りばしを差し込んで乾き具合を確認します（73ページ参照）。完全に乾いてからもすぐに与えず、1週間以上たってから、朝に水やりを行います。3号鉢で約100㎖、3.5号鉢では約150㎖を目安に、30～40℃のぬるま湯を与えます。

1〜2月の間に最低温度7℃以下になってしまった場合、2月いっぱいは水をまったく与えないようにします。

🌱 肥料：不要

🐛 病害虫の防除：寒さによる病気、乾燥による害虫の発生に注意

カビによる病気の炭そ病、細菌による病気の軟腐病や褐斑細菌病などが発生しやすい時期です。冬の間、徐々に体力を失うと、この2〜3月になって急に発病することがあります。病気の葉はすぐに切除し、処分します。低温で発生しやすくなるので、栽培環境を見直し、最低温度を高く保つようにします。

乾燥気味で過ごすとコナカイガラムシやスリップスが発生することがあります。これらの害虫は開花時期に発生しやすいので特に注意が必要です。コナカイガラムシは柔らかい歯ブラシや綿棒などでこすり落とします。スリップスはマラソン乳剤などで防除します。

また、ナメクジが蕾や花を食べることもあります。誘殺剤をまくか、夜間に捕殺します。花弁に灰色かび病が発生したら、アフェットフロアブルやベニカXファインスプレーなどで防除します。

Column

株の状態をチェック！

冬に起きやすい障害

低温や乾燥が続くと、さまざまな障害が起こります。急いで株の再生に取りかかります（84ページ参照）。

脱水症状の出た株
低温で根が傷んだため。葉の一部は枯れて落ち、残った葉もしわしわで垂れ下がっている。

蕾が枯れた
低温で根の活動が弱り、水分が十分に吸えないうえに、湿度不足や無風状態が続き、枯れたもの。

新しい葉が極端に小さい
日照不足が原因。室内の明るい場所に置き、日光に当てる。

健全な株は勢いが違う
最低温度15℃以上で冬越しできると、葉が斜め上45度に開き、弾力のある葉に育つ。右下の花芽もふくらんでいる。

今月の主な作業

- 基本 花茎を支柱に留める
- トライ 観賞用の支柱立て

基本 花茎を支柱に留める

適期＝1〜6月

支柱への誘引が必要な株
花茎が大きく伸びてまもなく蕾がつきそうな株。花が咲いて大きくなると鉢が倒れやすくなる。

主な作業

基本 花茎を支柱に留める

花茎を安定させ、鉢の転倒を防ぐ

　冬になってからずっと最低温度15℃以上に保っていると、花茎が少しずつ伸びて、2〜3月に花が咲き始めます。花茎はそのままにしておくと、明るい方向に向かって、斜めに伸びる性質があります。その状態で蕾がふくらみ、花がつくと全体の重心がずれて、鉢が倒れやすくなります。花茎を誤って折らないように、支柱を立てておくと安心です。

　花茎が伸び始めの時期はクリップで花茎と支柱を仮留めするとよいでしょう。花茎の基部から中心部までを固定し、これからまだ伸びる先端部はゆるめにするのがコツです。

トライ 観賞用の支柱立て

美しい花姿をつくる

　観賞用に花姿を整える目的で支柱立てを行う場合は、40ページを参照してください。

花茎と支柱をゆるく留める
誘引用クリップを使って、花茎と支柱をゆるく固定する。誘引用クリップはラン専門店や園芸店などで購入できる。

洗濯ばさみなどで代用
洗濯ばさみやビニールタイなどで代用もできるが、その場合もできるだけ余裕をもたせて留めて、花茎を傷めないようにする。

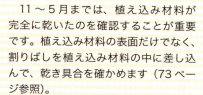

冬越しは水やりがポイント

低温時の過湿に注意

コチョウランは冬越しをうまく行うと、10〜20年もの間、生き続けます。失敗しない冬越しのコツは、低温時の過湿に注意すること。つまり、できるだけ最低温度を高く保ち、水やりを控えめに行うことです。

最低温度が15℃以上あると、ゆっくりと成長が続き、葉から水分の蒸散もある程度は続くので、根も少しずつ水を吸っています。しかし、最低温度が15℃を切ると、成長は停滞し、根は水をほとんど吸わなくなります。このときに水やりを行うと、植え込み材料がなかなか乾かず、根がずっと湿ったままになり、細菌が繁殖して、やがて傷んで腐ってしまいます。

「冬は水やりを控えめに」の意味

そこで、「冬は水やりを控えめに」ということになりますが、これは1回に与える水の量を減らすという意味ではありません。水やりの間隔（日数）を十分にあけて行うという意味です。

11〜5月までは、植え込み材料が完全に乾いたのを確認することが重要です。植え込み材料の表面だけでなく、割りばしを植え込み材料の中に差し込んで、乾き具合を確かめます（73ページ参照）。

気温の低下とともに、水やりの間隔をあけていきます。寒さの厳しい1月中旬〜2月中旬は完全に乾いてから1週間以上待って水やりになります。

1回の水の量は年間を通じて一定で、3号鉢で100mℓ、3.5号鉢で150mℓが目安。11〜5月は30〜40℃のぬるま湯を用います。

どうしても低温になる場合は……

極寒の時期に、どうしても何度か最低温度7℃以下になってしまう場合は、1月下旬から2月末まで水やりを一切行いません。その代わり、毎日30℃のぬるま湯で湿らせた新聞紙やタオルで葉の表裏を数分間挟み込み、水分を補います。根を傷めずに保湿をするケアの方法です。

筆者は冬の間、コチョウランを仕事部屋の窓辺に置いて栽培している。就寝まで暖房を使っているため、明け方も最低温度があまり下がらず、十分に冬越しができる。1〜2月の水やりは月に2〜3回が普通。

March
3月

今月の管理
- ☀ 昼は窓辺、夜は部屋の中央
- 💧 乾いてから数日後
- 🌱 施さない
- 🐛 適切な温度・湿度で発生を予防

基本 基本の作業
トライ 中級・上級者向けの作業

3月のコチョウラン

冬の間の最低温度によって、株の状態にはかなりばらつきがあります。最低温度15℃以上で冬越しした株は本格的に開花期に入ります。ただし新葉や新根の伸びはまだ見られません。最低温度15℃以下で生育が停滞していた株のなかにも、3月下旬になると花茎が伸びてくるものがあります。最低温度7〜10℃で過ごしたものは、花茎の成長は止まったままです。

ファレノプシス・ラッセロール

管理

☀ 置き場：昼は明るい窓辺、夜は暖かい部屋の中央

昼間は明るい室内の窓辺に置き、ガラス越しの日光に当てます。日光は強さを増し、窓からさし込む角度が変わってくるので、置き場を調整します。暖かい日には窓のそばに置いても、外の気温の影響を受けにくくなります。

夜間はまだ寒いので、部屋中央のテーブルの上など、暖かい場所に移動させ、最低温度15℃以上に保ちます。ファンヒーターやストーブの熱風が直接当たるところは避けます。

1株ずつ空気穴をあけた透明ビニール袋をかぶせたり、株ごと衣装ケースに入れたりしたものはそのまま管理します。日ざしが強くなってくるので、内部の株が蒸れないように注意します。3月下旬には最高温度が30℃を超えないように衣装ケースのふたを開閉しましょう（86ページ参照）。

💧 水やり：乾いてから数日後に

気温が高くなるにつれて、少しずつ植え込み材料の乾燥が早くなってきます。植え込み材料の内部に割りばしを差し込んで、完全に乾いていたら、数

今月の主な作業

- 基本 花茎を支柱に留める
- トライ 観賞用の支柱立て
- トライ 花の向きをそろえる

日後の朝に水やりを行います。3号鉢で約100mℓ、3.5号鉢で約150mℓを目安に、30〜40℃のぬるま湯を与えます。厳寒期に最低温度が7℃以下になって、水やりを止めていた株も、3月上旬には水やりを再開します。

- 肥料：不要
- 病害虫の防除：乾燥による害虫の発生に注意

2月に引き続き、カビによる炭そ病、細菌が原因の軟腐病や褐斑細菌病などが発生しやすい時期です。病気が出た葉は切除し、処分します。最低温度を高く保ち、株の抵抗力を高めます。

最低温度15℃以上で冬越しした株は開花期ですが、コナカイガラムシやスリップスの発生に注意します。コナカイガラムシは柔らかい歯ブラシや綿棒などでこすり落とします。スリップスはマラソン乳剤などで防除します。

また、花つき株を入手すると鉢内にナメクジやナメクジの卵が潜んでいることがあります。ナメクジは蕾や花を食べることもあるので、誘殺剤をまくか、夜間に捕殺します。花弁に灰色かび病が発生したら、アフェットフロアブルやベニカXファインスプレーなどで防除します。

主な作業

基本 花茎を支柱に留める
花茎を安定させ、鉢の転倒を防ぐ

冬を15℃以上の最低温度で過ごした株は花が次々に咲いてきます。花茎が大きくなった花の重みで垂れ下がり、重心がずれて鉢が倒れて花茎が折れないように、必要であれば支柱を立てます。支柱で花茎の基部から中心部までを固定し、これからまだ伸びる先端部はゆるめにしておきます（36ページ参照）。

トライ 観賞用の支柱立て
美しい花姿をつくる

観賞用に花姿を整える目的で支柱立てを行う場合は、新たな支柱を用意し途中で下に曲げ、花が咲いてきたら、花茎の先端までしっかりと固定します（40ページ参照）。

トライ 花の向きをそろえる
花をより豪華に見せる

花が咲きそろってきたら、花の向きを整えてより美しい姿で花を楽しみましょう（45ページ参照）。

トライ 観賞用の支柱立て

適期＝1〜7月

作業の前に知っておきたい基本の知識

　支柱を立てて、花を誘引して固定すると、きれいな花姿を観賞することができます。コチョウランは11月ごろに花芽が出て、暖かい室内で最低温度15℃以上で冬越しさせると冬の間も花茎が伸びて、2〜4月に花を咲かせます。また、最低温度7℃以上で冬越しさせた場合は、花茎の伸長は一度止まりますが、4月ごろから再び伸び始め、5月下旬〜8月中旬に花を咲かせます。本格的な開花の前に、観賞用の支柱立てを行いましょう。

　なお、自然な姿を観賞するのであれば、この観賞用の支柱立ては必ずしも必要はありません。鉢の転倒を防ぐのであれば、花茎を途中まで支柱に留めるだけで十分です（36ページ参照）。

1 仮留めにして開花を待つ

花茎が伸びるので、開花が本格的に始まるまで支柱は仮留めにしておく（36ページ参照）。

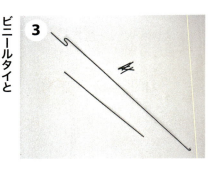

2 観賞用支柱の長さを調整

観賞用支柱は曲げて使用するので、鉢底から花までの長さよりも20cm程度長くする。

3 ビニールタイと短い支柱も用意

観賞用支柱は差す側をZ字形に折り曲げて回転しないようにする。

4 花茎は下から上へ留める

観賞用支柱の折り曲げた側を鉢に深く差し込む。花茎を支柱に下から上へビニールタイで留めていく。

5 観賞用支柱を下へ曲げる

花が上から下へ並んで咲くように整えたいので、花の下側で支柱を下方向に大きく曲げておく。

6 花茎を支柱にゆるめに留める

花茎と支柱をビニールタイで留める。花茎が伸長するので、少し余裕をもたせる。特に先端はゆるめに。

7 補強用の支柱を立てる

補強として短めの支柱を鉢に差し、ビニールタイで最初の支柱と花茎を留める。

8 観賞用の化粧鉢に入れる

観賞用に大きめの化粧鉢に鉢ごと入れて二重鉢にする。内部の鉢が見えないように水ゴケで覆う。

9 支柱立て完成

花茎が伸びたら、ビニールタイを外して留め直す。

April
4月

今月の管理

- ☀ 昼は窓辺、夜は部屋の中央
- 💧 乾いてから数日後
- 🌿 施さない
- 🦠 適切な温度・湿度で発生を予防

基本 基本の作業
トライ 中級・上級者向けの作業

4月のコチョウラン

　最低温度15℃以上で冬越しして2月から咲いていた株は開花のピークで、4月下旬には咲き終わるものも出てきます。15℃よりも低い最低温度で冬越しして、生育が止まっていた株も花茎が伸び始めます。水やりの間隔を少しずつ短くして、5月からの成長期に備えます。最低温度7℃以下の寒さにあった株も枯死していなければ、今後の成長が期待できます。

ファレノプシス・タイペイゴールド'タイダ'

管理

☀ 置き場：昼は明るい窓辺、夜は暖かい部屋の中央

　昼間は明るい室内の窓辺に置き、ガラス越しの日光に当てます。ただし、4月下旬には日ざしが強くなり、葉焼けのおそれも出てきます。特に、よく晴れた日はレースのカーテン越しの日光に当てるようにします。

　また、保温しているものは内部が高温になることがあります。透明なビニール袋や衣装ケースで保温・保湿をしていた場合は、次ページのコラムを参考に、最低温度を十分にチェックしてから、徐々に室内の温度に慣らします。

　4月下旬までは遅霜があるなど、夜間は冷えるので、部屋中央のテーブルの上など、暖かい場所に移動させ、最低温度15℃以上に保ちます。

💧 水やり：乾いてから数日後に

　気温が高くなってくると、水やり後に葉のつけ根に水がたまると腐ることがあるので、水は必ず植え込み材料に直接与えます。

　4月いっぱいまでは面倒でも、植え込み材料の内部に割りばしを差し込ん

で、乾き具合を確かめます。完全に乾いていたら、数日後の朝に水やりを行います。3号鉢で100 ml、3.5号鉢で150 mlを目安に、30〜40℃のぬるま湯を与えます。

- **肥料：不要**
- **病害虫の防除：乾燥による害虫の発生に注意**

細菌による病気の軟腐病や褐斑細菌病などが発生することがあります。特に3〜4月に植え替えを行うと、傷口から細菌が入り、発病することもあります。病気に侵された葉は直ちに切除し、処分しましょう。

コナカイガラムシやスリップス、ナメクジなどが発生することがあります。これらの害虫は蕾や花についたり、食害したりするため、観賞価値を大きく損ねます。コナカイガラムシは柔らかい歯ブラシや綿棒などでこすり落とします。スリップスはマラソン乳剤などで防除します。ナメクジは誘殺剤をまくか、夜間に捕殺します。

また、花弁に灰色かび病が発生したら、アフェットフロアブルやベニカXファインスプレーなどで防除します。

Column

保温・保湿用のビニールを取り外す

鉢の置き場近くには必ず最高最低温度計を置き、日々チェックすることが大切です。最低温度15℃以上の日が続くようになったら、株を覆っていた透明なビニール袋は取り外します。また、株を入れていた衣装ケースもふたを開けます。株はまだ衣装ケースの中に入れたままで、部屋の環境に慣らします。

このときに忘れずに行いたいのは、コナカイガラムシなどの害虫のチェックです。葉の裏や葉のつけ根をよく見て、コナカイガラムシがついていた場合は、柔らかめの歯ブラシなどでこすり落とします。

ビニール袋と支柱を取り外す。

衣装ケースのふたを外す。室内の温度に慣らすために、株はまだ外に取り出さないでおく。

今月の主な作業

- 基本 花茎を支柱に留める
- トライ 観賞用の支柱立て
- トライ 花の向きをそろえる
- 基本 花茎切り
- 基本 植え替え、鉢増し

主な作業

基本 花茎を支柱に留める
花茎を安定させ、鉢の転倒を防ぐ

4月には15℃よりも低い最低温度で冬越しした株の花茎が伸びてきます。重心がずれて鉢が倒れて花茎が折れないように、必要であれば支柱を立てます。花茎の伸びにつれて基部から中ほどまで、支柱に固定していきます。これからまだ伸びる先端部はゆるめにしておきましょう。

トライ 観賞用の支柱立て
美しい花姿をつくる

観賞用に花姿を整える目的で支柱立てを行う場合は、花がピークを迎える前に早めに行います（40ページ参照）。

トライ 花の向きをそろえる
花をより豪華に見せる

花数が多くついたら、花の向きを整えて、観賞してみましょう。ウレタンシートを使い、花が重なり合って咲くように整えます。

基本 花茎切り
一番上の節の上で切って、二番花を咲かせる

4月下旬には花が咲き終わるものが出てきます。早めに花茎を切り戻します。咲いた花のすぐ下にある節（一番上の節）の上2〜3cmで切ると、節から新たな茎が伸びて、二番花がつくことがあります。2〜3か月後には花が楽しめます。

基本 植え替え、鉢増し
間隔は3年以上あける

最低温度15℃以上で冬越しした株は、花後の4月下旬ごろから植え替え、鉢増しが行えます。前回の作業から3年以上がたち、植え込み材料が傷んできたものは植え替えます。適期は6月までですが、早めに行うことで成長期に株がより充実します（50ページ参照）。

基部がはがれ始めた葉はそのまま
15℃よりも低い最低温度で冬越しした株に花茎が伸び出してきた。この時期になると葉の基部がはがれ始めることがあるが、できるだけそのままつけておく。

トライ 花の向きをそろえる

適期＝3〜6月

作業の前に知っておきたい基本の知識

育てているコチョウランの種類にもよりますが、前年に元気いっぱいに育ち、葉の枚数が全部で6枚以上になると、市販のコチョウランと同様に、1本の花茎にたくさんの花がつくことがあります。そのまま咲かせると、花は一定の方向を向くことはありません。

そこで、花が咲き始めたら、花の向きを整えてみましょう。花をそろえて重なって咲くようにすると、豪華さが引き立ちます。まず、観賞用の支柱立て（40ページ参照）を行って、花茎の向きを整えてから行います。作業後は花を窓辺の明るいほうに向けて置き、3〜7日間ぐらい日光に当て、形が整ったら、ウレタンシートを外します。

1 自然に咲かせると花はそろわない

花は花茎を中心に左右に咲くため、向きがそろわず、ばらばらに見える。

2 ウレタンシートとビニールタイを用意

ウレタンシートにはあらかじめ固定用のビニールタイを通すための切れ込みを入れておく。

3 ウレタンシートで花の向きを調整

ウレタンシートに花茎を密着させ、花が順に重なり合うように整える。

4 ウレタンシートを固定する

ウレタンシートの切れ込みにビニールタイを通し、支柱に固定。

5 花の重なり具合を調整

株元側の花に花茎の先端側の花が上に重なるように整える。花を窓辺の明るいほうに向けて育てると、花の向きがそろう。

基本 花茎切り（二番花を咲かせる）

適期＝4〜8月

作業の前に知っておきたい基本の知識

先端の花が終わったあとに、花茎を切ります。株元で切る方法もありますが、二番花がつきやすい次の方法をおすすめします。

花がついていた場所の下にある節の上2〜3cmで切ると、充実した株であれば、新たな花茎が伸びて、2〜3か月後には二番花が咲きます。ただし、花後に花茎の先端から枯れてきたら、緑色の節の上2〜3cmで切ります。従来は花茎を半分残して切るなどとされてきましたが、それは咲いたときの観賞を考えてのことです。花がつかなかった節はすべて残しておくと、右ページのように花が先端からつくなど、より自然な姿で花が楽しめる利点があります。

最低温度15℃以上で冬越しさせた株は4月下旬ごろに花茎を切り戻すので、二番花の開花は7〜9月になります。最低温度15℃以下で冬越しした場合は5〜6月が開花期ですが、できるだけ早めの5月下旬に切り戻すと、8月末〜10月に二番花が楽しめます。

なお、株が充実していない場合は、残した節から新たな花茎が伸びなかったり、蕾がつかなかったりします。それでも来年になって花茎が伸びて、花が咲くこともあります。

1 花が終わった花茎

花が落ち、花茎の先端が枯れて、茶色くなっている。

2 緑色の節の上で切る

緑色の節を残して、その上2〜3cmで切る。緑色の節はすべて花芽（新しい花茎）や葉芽（高芽）になる可能性がある。

3 新しい花茎が伸び出す

残した節から新しい花茎が伸び出してきた。方向を窓辺の明るいほうに向けて置くと、花茎が蛇行せず、花がきれいに咲く。

花茎を切り戻して2年目の株

二番花が咲いた花茎を切り戻したところ、そこから三番花がつく花茎が伸び出した。さらに最初に切り戻した元の花茎からも新たな二番花がつく花茎が伸びている。

- 2年目になって新たに伸びてきた二番花を咲かせる花茎
- 最初に切り戻した場所
- 三番花を咲かせる花茎
- 2回目に切り戻した場所
- 1年目に二番花を咲かせた花茎
- 一番花を咲かせた花茎

Column

新しい花茎に高芽がつくことも

　花茎をなるべく長く残すことで、新しく花茎が伸びて、二番花が期待できますが、場合によっては高芽がつくこともあります。高芽とりを行う方法もありますが（61ページ参照）、つけたままにしておくと、高芽から新たな花茎が伸びて、そこに花が咲くこともあります。元の株の花と高芽についた花の競演も楽しめます。

- 高芽から伸びた花茎
- 高芽
- 切り戻した花茎
- 株元から伸びた新しい花茎
- 根が傷まないように、霧吹きで保湿する

May
5月

今月の管理

- ☀ 明るい室内の窓辺
- 💧 乾いてから数日後
- 🌱 薄めの液体肥料を週1回
- 🐛 蕾や花につく病害虫に要注意

基本 基本の作業
トライ 中級・上級者向けの作業

5月のコチョウラン

　最低温度15℃以上で冬越しした株は開花を終えているものがほとんどです。15℃よりも低い最低温度で冬越しした株は、ぐんぐん伸びた花茎に花が咲き始めます。成長期に入り、新葉や新根が伸びてくるので、これまでの管理と大きく変えます。もし下葉が枯れて、緑の葉が2〜3枚で咲いているものがあれば、早めに花茎を切り取って、切り花として楽しみ、株の負担を軽くします。

ファレノプシス・ソゴバイオゴールド

管理

☀ **置き場：直射日光の当たらない明るい室内の窓辺など**

　ガラス越しの日光が当たる明るい室内の窓辺に置きます。ただし、よく晴れた日の強い直射日光が当たると葉焼けを起こすおそれがあります。その場合は、レースのカーテン越しの日光を当てるか、真昼の強い日光がさし込まない東側か北側の窓辺に移動させます。また、夜に温度が下がる日は部屋中央のテーブルの上などに移動させます。

💧 **水やり：植え込み材料の表面が乾いたらすぐ**

　植え込み材料の表面が乾いて数日後の、午前中に水やりを行います。水の量や水温は今までどおりで、3号鉢で100㎖、3.5号鉢で150㎖を目安に、30〜40℃のぬるま湯を与えます。気温が高くなってくると、葉のつけ根にたまった水で葉が傷むことがあります。水は必ず植え込み材料に直接与えます。

🌱 **肥料：5月中旬から水やり代わりに薄めの液体肥料を週1回**

　5月中旬から肥料を施し始めます。規定倍率の2倍に希釈した液体肥料（三

今月の主な作業

- 基本 花茎を支柱に留める
- トライ 観賞用の支柱立て
- トライ 花の向きをそろえる
- 基本 花茎切り
- 基本 植え替え、鉢増し

要素等量）を週1回、水やり代わりに施します。液体肥料の代わりに、緩効性化成肥料（三要素等量）を置き肥してもかまいません。

病害虫の防除：花への水はねに注意

蕾や花につく病害虫に注意します。ケナガコナダニが蕾の中に入り、蕾を枯らすことがあります。また、開花中の花に黒い点のしみができることがあります。これは灰色かび病で、多くの場合、水やり時に水が花にかかったあと、夜に15℃以下になると発生するので、寒い日の夜には保温するようにします。アフェットフロアブルやベニカXファインスプレーなどで防除します。

葉にコナカイガラムシ、スリップス、ハダニがついたら、マラソン乳剤などで防除します。コナカイガラムシはすす病の原因になるので、柔らかい歯ブラシや綿棒などでこすり落とします。また、ナメクジが発生したら、誘殺剤をまくか、夜間に捕殺します。

植え替えの時期ですが、作業時についた傷口から細菌が入り込み、しばしば軟腐病や褐斑細菌病が発生します。発病後は直ちに病気の葉を切除し、処分します。

主な作業

基本 花茎を支柱に留める
花茎を安定させ、鉢の転倒を防ぐ

花が次々に咲き始めると、花茎が花の重みで垂れ下がります。鉢が倒れて花茎が折れないためにも支柱を立てて固定します（36ページ参照）。

トライ 観賞用の支柱立て
美しい花姿をつくる

観賞用に花姿を整える目的で行う場合は、40ページを参照してください。

トライ 花の向きをそろえる
花をより豪華に見せる

花数が多くついたら、花の向きを整えて、豪華な花姿を楽しみましょう（45ページ参照）。

基本 花茎切り
一番上の節の上で切って、二番花を咲かせる

花が咲き終わった株は、早めに花茎を切り戻します。今年中に二番花を楽しむには5月下旬までに行います。手順は46ページを参照してください。

基本 植え替え、鉢増し
間隔は3年以上あける

次ページ以降で詳しく解説します。

基本 植え替え [1]　　適期＝4〜6月

作業の前に知っておきたい基本の知識

　植え替えは、毎年は行いません。作業中にいくら気をつけても新根は多少なりとも傷むものです。ダメージからの回復には1年近くかかるため、頻繁に植え替えると、株の体力が落ちて、花が咲かなくなります。

　そこで、前回の植え替えから3年以上たって、葉の枚数がふえ、株が大きくなったら、根鉢をくずさないで一回り大きな鉢に植え替える「鉢増し」を行います。乾湿の差をつけた上手な水やりを行っていると、水ゴケは腐敗せず、5〜7年もつこともよくあります。こうした場合は5〜7年に1回の作業でも問題ありません（53ページ参照）。

　現在、4.5号鉢で育てている場合はこれ以上大きな鉢に植え替えると植え込み材料が乾きにくく、根腐れの原因になります。そこで根鉢をくずし、根を整理して、3.5号鉢か4号鉢に植え替えます。また、植え込み材料の水ゴケが黒ずんで傷んでいる場合は鉢増しにせず、植え込み材料を取り除いて、植え替えます。

　開花中の株も必要であれば5月に入ったら、植え替えましょう。早めに行うと、成長期にしっかりと葉が大きくなり、株がより充実し、来年も花が楽しめます。

1 鉢は3.5号の大きさで
今の鉢が3.5号鉢なら、同じ大きさの3.5号鉢（左）を使う。鉢増しをするなら一回り大きな4号鉢で（右）。

2 鉢底穴を広げる
やすりなどで削って鉢底穴を広げる。空気の通りをよくし、植え込み材料を腐りにくくして根を健全に保つ。

3 根鉢は半分程度まで整理
古い鉢から根鉢を取り出し、火で刃先をあぶって消毒したハサミで半分程度に切る。

④ 新根の先を傷つけない

新根の先を傷つけないよう注意しながら、根鉢をこの程度まで整理する。新しい根が放射状に広がっている。

⑤ 水ゴケを下から押し当てる

あらかじめ水によく浸し、絞っておいた水ゴケをピンポン球大にし、根を広げて下側から当てる。

⑥ 根の上から水ゴケを巻く

さらに根の上から水ゴケを縦向きにつけ円柱状にする。鉢の直径より一回り大きいぐらいがよい。

⑦ 水ゴケごと根を鉢に押し込む

鉢の上には水ゴケを盛り上げず、(鉢の縁の厚い部分)がウォータースペースになるように。

⑧ 鉢が外れない程度の固さに

水ゴケは鉢底まで押し込まず、鉢の側面に固く密着させる。株を持ち上げて揺すっても、外れなければOK。

作業後2週間は葉に霧吹き

根が傷んでいる場合があるので、植え替え後2週間は霧吹きで葉を湿らせるだけにし、水やりは行わない。葉の中央に水がたまらないように注意。

51

基本 植え替え [2] 異なる植え込み材料で植え替える　適期＝4〜6月

　コチョウランは着生ランで樹木の幹や枝に根をはわせて生きているため、花壇やプランターなどで使う園芸用の培養土に植えると、過湿のために根が腐ってしまいます。そこで、水ゴケに植えつけるのが一般的ですが、それ以外には、市販のシンビジウム用培養土やヤシ殻チップなど、水はけのよい植え込み材料を使って植えつけることができます。

シンビジウム用培養土で植え替える

① シンビジウム用培養土を準備
洋ラン用培養土の名でも販売されている。その多くは軽石とバークなどの素材をミックスしたもので、水はけがよい。

② 根鉢をくずしてから植え替え
50〜51ページと同様に根鉢をくずして水ゴケを取り除く。根を広げ、鉢に入れて用土を入れる。割りばしの先で突いて、根と用土をなじませて固定。

ヤシ殻チップで植え替える

① ヤシ殻チップを準備
ヤシ殻を切って小さな塊にしたものが市販されている。水はけがよく、コチョウランにも使える。

② 根とよく密着させる
ヤシ殻チップを根と根の間に詰めて、株が動かないように固定する。根を折ったり、傷つけたりしないように注意。

基本 鉢増し　適期＝4〜6月

　前回の植え替え、鉢増しから3年以上たった株に対して行います。大きく育った株は鉢から抜いてみて、植え込み材料が傷んでいなければ、根鉢をくずさず、一回り大きな鉢に「鉢増し」します。植え込み材料が傷んでいた場合は根鉢をくずして植え替えます（50ページ参照）。

　通常のコチョウランは3.5〜4.5号の大きさの鉢で育てるのが一般的です。5号鉢以上で育てると、植え込み材料が乾きにくく、根腐れの原因になります。今育てている鉢が3.5号鉢なら4号鉢に、4号鉢なら4.5号鉢に鉢増しします。4.5号鉢なら、根鉢をくずして根を整理し、3.5号鉢に植え替えます。

1 長い水ゴケを内から外へ垂らす
鉢の底穴を広げておく（50ページ参照）。湿らせた長めの水ゴケを鉢の縁に内から外へ垂らすように置く。水ゴケが縦向きになり、水はけがよくなる。

3 はみ出した水ゴケを切る
鉢の縁からはみ出した水ゴケはハサミで切って、端をきれいにそろえる。

2 根鉢はくずさない
根も植え込み材料も傷んでいないので根鉢はくずさず、そのまま植えつける。根鉢を鉢の内側にしっかりと押し込んで固定する。

4 鉢増し完了
鉢の上部を押し込んで微調整。桟（鉢の縁の厚い部分）がウォータースペースになるようにする。根が傷んでいないので、通常の管理を続ける。

June
6月

今月の管理

- ☀ 明るい室内の窓辺
- 💧 乾いたらすぐに
- 🌱 薄めの液体肥料を週1回
- 🐛 蕾や花につく病害虫に要注意

基本 基本の作業
トライ 中級・上級者向けの作業

6月のコチョウラン

成長期に入り、新葉が大きくなり、新根も伸びてきます。最低温度15℃以上で冬越しした株では、二番花の蕾がふくらむものもあります。15℃よりも低い最低温度で冬越しした株の多くは開花期ですが、ようやく咲き始めるものもあります。成長期の初夏から晩秋までに大きく伸びた新葉が1.5枚以上ふえるように、日常の管理をしっかり行います。植え替えの適期は6月いっぱいです。

ファレノプシス・ミラージュ

管理

☀ 置き場：直射日光の当たらない明るい室内の窓辺など

梅雨の晴れ間に葉焼けを起こすおそれがあるので、直射日光が当たらない明るい室内の窓辺などに置きます。真昼の強い日光がさし込まない東や北向きの窓辺ならそのままで、南や西向きの窓辺なら、必ずレースのカーテン越しの日光が当たるようにします。

ベランダなどの日陰で、なおかつ反射光で明るい場所でもかまいませんが、梅雨で降雨が続くときは、雨が当たらない場所に移します。

日光は直接当たらないが、反射光で明るい場所

洗濯物の陰や遮光ネットを利用してもよい。

今月の主な作業

- 基本 花茎を支柱に留める
- トライ 観賞用の支柱立て
- トライ 花の向きをそろえる
- 基本 花茎切り
- 基本 植え替え、鉢増し

6月

水やり：植え込み材料の表面が乾いたらすぐ

植え込み材料の表面が乾いたら、すぐに水やりを行います。水は株の近くにくみ置いて室温程度の水温にします。量はこれまでと同じ、3号鉢で約100 ml、3.5号鉢で約150 mlです。水は植え込み材料に直接与え、葉のつけ根に水がたまらないようにします。

肥料：薄めの液体肥料を週1回

規定倍率の2倍の液体肥料（三要素等量）を週1回、水やり代わりに施します。代わりに月1回、緩効性化成肥料（三要素等量）を置き肥してもかまいません。

病害虫の防除：花への水はねに注意

葉の表だけでなく裏もチェックして、コナカイガラムシがついていたら柔らかい歯ブラシや綿棒などでこすり落とします。ナメクジが発生したら、誘殺剤を水やり後に鉢内にまきます。

梅雨になると、細菌が原因の軟腐病や褐斑細菌病がよく発生します。葉のつけ根に水がたまると発生しやすいので、ベランダなどに出す場合は、雨がかからないようにします。発病後は直ちに病気の葉を切除し、処分します。

主な作業

基本 花茎を支柱に留める
花茎を安定させ、鉢の転倒を防ぐ

花茎が花の重みで垂れ下がります。鉢が倒れて花茎が折れないように、支柱を立てて固定します（36ページ参照）。

トライ 観賞用の支柱立て
美しい花姿をつくる

観賞用に花姿を整える目的で行う場合は、40ページを参照してください。

トライ 花の向きをそろえる
花をより豪華に見せる

花数が多くついたら、花の向きを整えて、豪華な花姿を楽しみましょう（45ページ参照）。

基本 花茎切り
一番上の節の上で切る

花が咲き終わったものは、早めに花茎を切り戻します（46ページ参照）。

基本 植え替え、鉢増し
間隔は3年以上あける

6月下旬まで適期です。植え替えか鉢増しが必要なら、なるべく早く行って、株の充実を図りましょう（50～53ページ参照）。

トライ コルクづけで育てる

適期＝4〜6月

作業の前に知っておきたい基本の知識

コチョウランは原生地では、樹木の幹や枝に根を下ろして成長しています。コルク板やヘゴ板を用いると、自然に近い状態で根を伸ばせ、生育もよくなります。また、植え込み材料も傷みにくく、植え替えも10年以上行わなくても、健全に育ちます。壁に掛けたり、吊るしたりして育て、観賞できます。

作業に必要なもの

コチョウランの株、コルク板、水ゴケ、テグス、ハサミなどを準備する。

1 根鉢をくずして根を整理

火であぶって消毒したハサミで根鉢を半分に切り、植え込み材料を取り除く。傷んで黒くなった根があれば切っておく。

2 水ゴケの上に株をのせる

あらかじめ湿らせておいた水ゴケをコルク板の上に置き、さらにその上に株をのせる。

3 根の上を水ゴケで覆う

根の上に水ゴケを巻きつけて覆う。葉の傾きが時計の4時と8時の方向になるように正面を調整。

Column 空の素焼き鉢に着生させる

植え込み材料がなくても、素焼き鉢に根を直接つけて、成長させることもできます。冬場の過湿を防ぎ、根の傷みが少なくなります。

❶ 植え込み材料を取る
株の植え込み材料をすべて取り除く。空の素焼き鉢に据える。

❷ ワイヤーで固定する
ワイヤーで株と素焼き鉢を固定する。根が伸びて鉢に張りついたら、ワイヤーを取り外す。

4 テグスで株を固定

水ゴケと株をコルク板に固定するようにテグスなどを巻きつけ、縛って固定する。

5 壁などに掛けて管理

コルク板の上部にフックをつけると壁に掛けられる。不要であればそのままでもよい。

6 8か月後の株

水ゴケの外に根が伸び出して、コルク板に着生した。もうテグスは不要なので切ってもよい。

コルクづけの管理

水やりはコルク板ごとバケツの水に5分程度つけて、根とコルク板に水分をよく吸わせる。11〜5月は30〜40℃のぬるま湯を用いる。

肥料はバケツの水のなかに液体肥料を入れて希釈し、水やりと同時に施す。

Column

鉢ごと吊るす方法も

夏に蒸れやすい場合などは、鉢ごと吊るすだけでも、生育がよくなります。鉢のまわりに針金を取りつけて吊るします。戸外のベランダで吊るすときは、直射日光が当たらないように日陰にします。

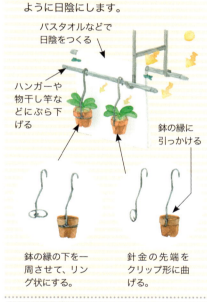

- バスタオルなどで日陰をつくる
- ハンガーや物干し竿などにぶら下げる
- 鉢の縁に引っかける
- 鉢の縁の下を一周させて、リング状にする。
- 針金の先端をクリップ形に曲げる。

半分に切った鉢とコルク板を合わせたもの。ハンギングにもできる。

トライ ハンドバッグ風バスケットで花を楽しむ

適期＝通年

着生ランの性質を生かして、ハンギングで花を楽しむ方法を考えてみましょう。ここで紹介するヤシ殻マットを使ったハンドバッグ風バスケットは、10分ほどの簡単な工作でつくることができます。根鉢をくずさず根が傷まないので、一年中いつでも行えます。

好きな場所に吊るして、かわいいグリーンインテリアとして花を楽しむ。

準備するもの

開花中のミニコチョウラン、工作ネット（亀甲網）、ヤシ殻マット、針金、持ち手用のチェーン、金切りバサミ、クラフトバサミ、ラジオペンチ。

バスケットの大きさを決める

鉢を置いてみて、工作ネットを切り取る大きさを決める。ヤシ殻マットにくるんだコチョウランの根鉢が楽に入る大きさに。

工作ネットを切る

金切りバサミで工作ネットを切る。切り口でけがをしないように。

底の部分は二つ折りに

二つ折りにした部分が底となるように切っていく。

4 ヤシ殻マットは一回り小さく

ヤシ殻マットを工作ネットに重ねてみて、一回り小さくなるようにクラフトバサミで切りそろえる。

5 二つ折りにする

ヤシ殻マットを挟み込むように工作ネットを二つ折りにし、端をきれいに合わせる。

6 側面を留める

側面は工作ネットの切り口を重ねて、ラジオペンチの先で内側に押し込んで袋状にする。

7 飛び出したワイヤーは切る

外に飛び出して不要なワイヤーは切る。先端は安全なように内側に押し込むとよい。

8 持ち手を取りつける

側面の上部に持ち手となるチェーンを取りつけ、固定する。

9 飾りをつける

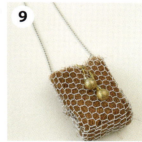

気に入った飾りを取りつけると、よりハンドバッグらしさが演出できる。

10 根鉢ごと植える

コチョウランを鉢から取り出し、根鉢をくずさないで、ヤシ殻マットの内側に押し込む。

工作ネットの色や、染めた乾燥水ゴケなど植え込み材料も工夫。ビーズや小物に好みのものを取りつけると個性的なバスケットがつくれる。

トライ 苔玉で楽しもう

適期＝5〜7月

水ゴケに植えられていることの多いコチョウラン。水ゴケの上にコケを巻いて、苔玉をつくってみましょう。開花しているミニコチョウランを入手して苔玉にすれば、花が1〜2か月咲き続け、エキゾチックなグリーンインテリアとして楽しめます。

準備するもの
開花中のミニコチョウラン、コケ（ハイゴケなど）、水で湿らせた水ゴケ、糸（黒や緑の木綿糸か透明なテグスなど。1種類あればよい）、受け皿。

完成した苔玉のコチョウラン。

❶ 根鉢を抜いて軽くくずす
水ゴケを軽くくずし新しい水ゴケを少量つけて、根鉢を球形にする。根を傷めないように気をつける。

❷ コケを巻きつける
コケをシート状に広げ、根鉢の全体を包み込む。

3 糸を巻きつける

コケの上から糸をいろいろな方向から巻きつけていく。株元近くに糸を通し、コケと根鉢が外れにくくする。

4 球状に整える

糸を10〜20回巻きながら、苔玉をきれいな球状に整えたら、糸の端を切ってコケの中にさし込んでおく。

苔玉部分を水につける

持ち上げてみて軽くなっていたら水やり。バケツなどの水に苔玉部分のみをつける。

Column

高芽とり（適期＝5〜6月）

植えつけると株をふやせる

　花茎を切り戻すと、夏から秋にかけて節から二番花の花茎ではなく、葉と根が伸びて、「高芽」になることがあります。そのまま育ててもかまいませんが、株数をふやしたい場合は、高芽を葉2〜3枚、根3〜5本程度まで育ててから、花茎から切り取って、別の鉢に水ゴケで植え込み、小苗として育てます。

❶高芽がついた株
花茎の2か所に高芽がついた。どちらも植えつけられる。

❸根を切りそろえる
長い根はハサミで5cm程度に切りそろえると植えつけやすい。

❷高芽を切り離す
ライターの火などで消毒したハサミで、花茎から高芽を切り離す。

❹鉢に植えつけ
根にあらかじめ湿らせておいた水ゴケを巻いて、2.5号鉢に植えつける。

July 7月

今月の管理

- ☀ 明るい室内の窓辺
- 💧 乾いたらすぐに
- 🌱 薄めの液体肥料を週1回
- 🍃 葉焼けからの炭そ病に注意

基本 基本の作業
トライ 中級・上級者向けの作業

7月のコチョウラン

本格的な成長期です。春からの花がまだ咲き続けているものもあります。また、最低温度15℃以上で冬越しした株のなかには二番花が咲くものもあります。新しい葉が伸びてくるので、水やりや肥料など、日常の管理に気を配り、前年と同じか、それ以上に充実した葉に育てましょう。特に梅雨が明けたあとは、葉焼けを起こさないように注意します。

ドリテノプシス・パープルジェム

管理

☀ **置き場：直射日光の当たらない明るい室内の窓辺など**

7月中旬まで梅雨が続きます。晴れ間の強い日光で葉焼けを起こさないように、直射日光が当たらない明るい室内の窓辺に置きます。南や西向きの窓辺は、遮光をしてレースのカーテン越し程度の日光が当たるようにします。

風通しをよくし、蒸れないことも大切です。ベランダなどの戸外は風通しがよく、健全に育ちます。雨が避けられ、直射日光が当たらず、反射光で明るい日陰を選びます。梅雨が明けると、葉焼けにはいっそうの注意が必要です。

バードケージに遮光ネットを張った日よけ。

今月の主な作業

- トライ 観賞用の支柱立て
- 基本 花茎切り

🟢 水やり：植え込み材料の表面が乾いたらすぐ

梅雨で湿度が高いと植え込み材料が乾きにくくなります。植え込み材料の表面が乾いたら、すぐに水やりを行います。3号鉢で約100 ml、3.5号鉢で約150 mlの水を、株のそばに置いて室温程度の水温にしてから与えます。植え込み材料に直接与え、葉のつけ根に水がたまらないようにします。

🟢 肥料：薄めの液体肥料を週1回

液体肥料（三要素等量）を施すのは7月上旬までです。規定倍率の2倍に希釈し、週1回、水やり代わりに施します。代わりに緩効性化成肥料（三要素等量）を使う場合は、6月に置いたものを取り除き、新たに置き肥します。

🟢 病害虫の防除：炭そ病に注意

葉焼けが起きると、そこから炭そ病を発病します。風が常に動く場所を選ぶなど、置き場の環境を改善しましょう。また、軟腐病や褐斑細菌病が発生した葉は切除し、処分します。雨水にぬらさないことが肝心です。葉の表裏を見てコナカイガラムシを発見したら、柔らかい歯ブラシや綿棒などでこすり落とします。ナメクジは誘殺剤を水やり後に鉢内にまきます。

主な作業

トライ 観賞用の支柱立て

美しい花姿をつくる

観賞用に花姿を整える目的で行う場合は、40ページを参照してください。

基本 花茎切り

一番上の節の上で切る

花が咲き終わったものは、早めに花茎を切り戻します。来年になると、二番花がつくことがあります（46ページ参照）。

新葉の中心に水をためない

中心にたまった水滴は、綿棒やティッシュペーパーで吸い取る。

August
8月

今月の管理

- ❋ 明るい室内の窓辺
- 💧 乾いたらすぐに
- 🍃 施さない
- 🦠 葉焼けからの炭そ病に注意

基本 基本の作業
トライ 中級・上級者向けの作業

8月のコチョウラン

高温の日が続きますが、コチョウランは原生地の温度に近いため、よく成長し、葉が大きくなり、根も伸びてきます。6月ごろに花が咲き始めたものは、まだ開花が続いている場合があります。5月に花茎切りを行ったものは、早ければ二番花が咲き始めます。葉焼けを起こしたり、熱帯夜で株が弱ったりするので、よく株の状態を観察しましょう。

ドリテノプシス・スイートワイン

管理

❋ **置き場：直射日光の当たらない明るい室内の窓辺など**

直射日光が当たらない明るい室内の窓辺に置きます。日光が窓からさし込む場合は遮光をして、レースのカーテン越し程度の日ざしにします。

ベランダなどの戸外に出す場合は、直射日光が当たらず、反射光で明るい日陰を選びます。鉢は直接床に置かず、高い台の上に置くか、吊るします。雨にぬれた場合は、葉の中心にたまった水は取り除きます（63ページ参照）。

コチョウランは秒速1m程度のそよ風が吹く環境でよく育ちます。夜の室内でも扇風機などで空気を動かします。

💧 **水やり：植え込み材料の表面が乾いたらすぐ**

植え込み材料の表面が乾いたら、すぐに水やりを行います。日中に水やりすると鉢内で温度が上がり、根を傷めることがあるので、朝に行います。3号鉢で100mℓ、3.5号鉢で150mℓを目安に、置き場近くで室温程度の水温にしてから与えます。葉のつけ根に水がたまらないように注意深く行います。

ベランダなど、壁面や床のコンクリー

今月の主な作業

基本 二番花の花茎切り

トが熱くなる場合は、夕方に鉢の周囲に散水し、温度を下げると同時に湿度も保ちます。

- **肥料**：施さない
- **病害虫の防除**：炭そ病に注意

葉焼けが起きると、そこから炭そ病が発生します。葉焼けは直射日光が当たっただけでなく、風通しが悪くても起こるので注意します。また、細菌が原因の軟腐病や褐斑細菌病が発生したら、発病した葉を切除し、処分します。

コナカイガラムシやナメクジも7月と同様に防除します（63ページ参照）。

主な作業

基本 二番花の花茎切り

一番上の節の上で切る

二番花が終わったら花茎を切り戻します。一番花の花茎切りと同じ要領です（46ページ参照）。来年、節から新しい花茎が伸びて、三番花がつくことがあります。

Column

二重鉢で転倒を防ぐ

葉が大きく成長すると、鉢が倒れやすくなります。秋に植え替えると来年の花が見られないことがあるため、鉢増しをするか（53ページ参照）、鉢ごと一回り大きな鉢に入れて二重鉢にします。

一時的に転倒を防ぐには

鉢がよく倒れるときは、ひとまず鉢ごと一回り大きな鉢に入れておく。

冬越しを意識した二重鉢

- 発泡スチロール片を入れる。冬には保温効果が期待できる
- 発泡スチロール片
- 大きな鉢
- 葉がすべて収まるぐらい大きな鉢に、鉢ごと入れると転倒しない

September

9月

今月の管理
- ☀ 明るい室内の窓辺
- 💧 乾いたらすぐに
- 🌱 施さない
- 🍃 葉焼けからの炭そ病に注意

基本 基本の作業
トライ 中級・上級者向けの作業

9月のコチョウラン

成長期が続きます。新葉がさらに伸びて大きくなります。成長の早い株では2枚目の新葉が伸び、株は一回り大きくなります。充実した株のコチョウランは、この時期最低温度18℃にあうことで、花芽分化が起こります。大事な時期ですので、風通しに気を配り、蒸れて生育が弱らないように気をつけましょう。

ファレノプシス・エバースプリングキング'ブラックローズ'

管理

☀ **置き場：直射日光の当たらない明るい室内の窓辺など**

　直射日光が当たらない明るい室内の窓辺に置きます。太陽の角度が変わり、窓から日光が奥までさし込むようになるので注意します。直射日光が当たる場合は、レースのカーテンや遮光ネットなどで遮光するとよいでしょう。まだ暑い日が続くので、夜も扇風機などで空気が動いている状態を保ち、株が蒸れないようにします。

　また、9月まではベランダなどの戸外でも育てられます。雨が当たらない場所で、直射日光が当たらず、反射光で明るい日陰を選びます。鉢は直接床に置かないで、高い台の上か、吊るして育てます。雨にぬれた場合は、葉の中心の水は取り除きます（63ページ参照）。

　下旬になったら、最低温度18℃を切ることもあるので、室内に取り込み明るい窓辺に置きます。

💧 **水やり：植え込み材料の表面が乾いたらすぐ**

　植え込み材料の表面が乾いたら、すぐに水やりを行います。置き場にくみ

基本 基本の作業　トライ 中級・上級者向けの作業

今月の主な作業

基本 二番花の花茎切り

置いて室温程度の水温にした水を、3号鉢で100 ㎖、3.5号鉢で150 ㎖を目安に与えます。葉のつけ根に水がたまらないように注意します。

8月に引き続き、戸外のベランダなど、壁面や床のコンクリートが熱くなる場合は、夕方に鉢の周囲に散水し、温度を下げると同時に湿度も保ちます。

🟨 **肥料**：施さない

🟩 **病害虫の防除**：炭そ病の原因となる葉焼けに注意

風通しが悪いと葉焼けを起こしやすく、そこから炭そ病が発生します。夏に株が弱っていると、この時期に発病することもあるので注意します。また、細菌が原因の軟腐病や褐斑細菌病が発生したら、その部分の葉を直ちに切除し、処分します。

葉の表裏につくコナカイガラムシは柔らかい歯ブラシや綿棒などでこすり落とします。放置していると、すす病の原因になります。また、ナメクジは水やり後に誘殺剤を鉢内にまいて防除します。

主な作業

基本 二番花の花茎切り

花下の一番上の節の上で切る

二番花が終わったら花茎を切り戻します。一番花の花茎切りと同じ要領です（46ページ参照）。

傷んだ葉の対処法

発病初期の場合

❶枯れた部分を切り取る
葉の先端が病気で枯れたら、ライターなどの火で刃先を消毒したハサミで、発病した部分を完全に切り取る。

❷瞬間接着剤を塗る
切り口から病気が感染することがあるので、瞬間接着剤を塗って、切り口をふさいでおく。

❸葉焼けを起こした場合
葉色がおかしくなっている部分を広く、❶と同様の方法で切り取る。切り口には瞬間接着剤を塗っておく。

October
10月

今月の管理

- ☀ 明るい室内の窓辺
- 💧 乾いたらすぐに
- ✦ 施さない
- ⊘ 低温による病気に注意

基本 基本の作業
トライ 中級・上級者向けの作業

10月のコチョウラン

　夜の最低温度が18℃を下回り、成長がゆっくりになってきます。初夏から育った新葉1.5枚が大きく充実していたら成長期の栽培は合格です。コチョウランは9月に20〜40日間かけて花芽分化したあと、株元から花芽となって出てきます。明るい場所で育てて温度の確保に努め、少しでも花芽の成長を促します。

ドリテノプシス・ミンホープリンセス 'SJ'

管理

☀ **置き場：直射日光の当たらない明るい室内の窓辺など**

　直射日光が当たらない明るい室内の窓辺に置きます。南や西向きの窓で直射日光が当たる場合は、レースのカーテンや遮光ネットなどで遮光しましょう。9月まで戸外で育てていた株も室内に取り込みます。

　最高最低温度計を株のすぐ近くに置きましょう。最低温度が15℃を切ると生育が停滞します。夜間は部屋の中央に移すなど、できるだけ暖かく保ち、一戸建てなどで温度が下がりやすい場合は、早めに冬越しの準備を始めておきます（70ページ参照）。

💧 **水やり：植え込み材料の表面が乾いたらすぐ**

　温度が下がり、生育が鈍くなると、植え込み材料の乾き方も遅くなってきます。表面が乾いたらすぐ、午前中に水やりを行います。水は置き場にくみ置いて室温程度の水温にしてから与えます。3号鉢で約100㎖、3.5号鉢で約150㎖が目安ですが、もし鉢底から水が流れ出して受け皿にたまった場合は捨てておきます。これから来春まで、

今月の主な作業

- 基本 二番花の花茎切り
- 基本 冬越しの準備

過湿は株を傷める原因になります。また、葉のつけ根に水がたまったら、取り除いておきます（63ページ参照）。

- **肥料：施さない**
- **病害虫の防除：低温による病気に注意**

最低気温が下がってくると、害虫の発生は少なくなります。病気はカビによる炭そ病、細菌による軟腐病や褐斑細菌病など、低温で発生するものがあります。水やり時などにときどき葉をチェックして、発病していたら、直ちに病気の葉を切除し、処分します。

主な作業

基本 二番花の花茎切り

花下の一番上の節の上で切る

二番花が終わったら花茎を切り戻します。一番花の花茎切りと同じ要領です（46ページ参照）。

基本 冬越しの準備

一戸建てなどで部屋の温度が下がりやすく、最低温度が15℃を保てない場合は、早めに冬越し対策の準備を行います。空気穴をあけた透明ビニール袋を準備して、鉢ごと全体を覆うと保湿にもなります。冬の間、株ごと衣装ケースに入れて防寒する方法もあります。

Column

夏の水やりと冬の水やり

水やりの際は水道や井戸などからくんだ水をすぐに与えてはいけません。6～10月までは水をくんで置き場近くに置き、室温程度の水温にしたものを与えます。11～5月は植え込み材料の内部がカラカラに乾いてから、30～40℃のぬるま湯を与えます。根にやさしいだけでなく、よい刺激にもなり、傷みにくくなります。

水はペットボトルなどに入れて、鉢の近くに置いて室温程度の水温にする。

❶ 11～5月は水差しに30～40℃のぬるま湯を用意する。

❷ 植え込み材料に直接与える。一時的に20～30℃に上昇し、根が温まる。

基本 冬越しの準備（ビニール袋がけ）

　最低温度15℃以下になると成長が停滞するので、保温しましょう。ここではビニール袋を使った簡単な保温の方法を紹介します。冬場の暖房をつけた室内は乾燥気味になるので、ビニール袋で保護することで、保湿の効果も期待できます。

準備するもの
育てている株、二～三回り大きな平鉢、ワイヤー製ハンガー、透明のビニール袋、発泡スチロール片、ビニールタイ、ペンチ、クラフトバサミ。

1 鉢を三重に重ねる
コチョウランが植えられた鉢は発泡スチロールで固定。ハンガーを曲げて、2本で支柱をつくり、外側の鉢と中間の鉢の間に立てる。

2 空気穴などをあける
ビニール袋はビニールタイで鉢の側面に固定。ビニール袋の上部には空気穴を何か所かあける。株元には水やり用の穴をあけておく。

3 ビニール袋をかけて完成
鉢底はビニールで覆わず、開けておく。3月までこの状態で管理する。

晩秋から春の置き場

最低温度が15℃よりも低くなるようなら、空気穴をあけた透明ビニール袋で鉢ごと覆うとよい。

夜は厚手のカーテンを閉めて、冷気の侵入を防ぐ。

明るい室内の窓辺に置く。10月いっぱいは直射日光を当てないように、レースのカーテンなどで遮光する。11月～5月中旬は直射日光に当てる。

簡単にできるビニール袋がけ

市販のミニ温室を利用してもよい。

マガジンラックの骨組みにビニール袋をかぶせて保温。取り外しが簡単なので、夜だけ保温が必要なときなどに便利。大きめの株にも使える。

Column

コチョウランを好みの時期に咲かせる

花が咲く時期がずれるのはどうして？

コチョウランの花芽がつくられるのは、20～40日間、最低温度18℃にあうのが条件です。室内で育てていると最低温度が18℃になるのは5月中旬と9月。充実した株であれば、秋の9月に花芽分化が起こります。

マンションなどの気密性の高い部屋で最低温度18℃を保つと成長が持続し、11月に出た花芽が花茎となって伸び続け、翌年1月には開花を迎えます。最低温度15℃以上では、やや花茎の伸びが鈍るものの2～3月に花が咲きます。最低温度15℃以下になると、自然に暖かくなる4月ごろまで花茎の伸びは止まったままで、5月以降の開花になってしまいます。

開花調整はどうすればいい？

コチョウランの花は2～3か月程度、咲き続けるので、秋から春の最低温度をうまくコントロールできれば、2～7月の間、花を続けて楽しむことも可能です。

それ以外の時期に咲かせるには、加温して最低温度27℃を保ち、成長を持続させて花芽分化が起きないようにします。咲かせたい時期の約4か月半前に最低温度を18℃にして、花芽分化させます。室内で最低温度27℃を保つのは難しいものの、ワーディアンケースなどの保温設備があれば容易です（76ページ参照）。冬の洋ラン展に出品されているコチョウランは、同様の温度管理を温室で行って開花させたものです。

November
11月

今月の管理

- 昼は窓辺、夜は部屋の中央
- 乾いてから数日後
- 施さない
- 低温による病気に注意

基本 基本の作業
トライ 中級・上級者向けの作業

11月のコチョウラン

今月から完全に冬の管理に移ります。最低温度が下がると株の生育が鈍ってきますが、なかには株元の基部から小さな花芽が出るものもあります。最低温度が18℃以上あれば花芽の成長は続きますが、15℃以上では生育はゆっくりになり、15℃を切ると生育は停滞してしまいます。7℃以下では株が傷むこともあります。特に夜間の置き場に気を配り、できるだけ暖かく保ちましょう。

ドリテノプシス 'マンテンコウ'

管理

置き場：昼は明るい窓辺、夜は暖かい部屋の中央

明るい室内の窓辺に置きます。北側の窓でもかまいませんが、できれば東や南向きの窓辺で、ガラス越しの日光に当てます。

部屋中央のテーブルの上など、外の寒さの影響を受けにくい、少しでも暖かい場所を選びます。ファンヒーターやストーブを使うこともふえますが、株に熱風が直接当たるところには絶対に置かないようにします。乾燥にも要注意です。

一戸建てなどでは最低温度が10℃を下回る日も出てきます。夜間は鉢全体を、空気穴をあけた透明ビニール袋で覆ってもよいでしょう。最低温度が7℃以下になるおそれがある場合は、株ごと衣装ケースに入れて冬越しさせましょう。

水やり：乾いてから数日後

植え込み材料の乾き方はますます遅くなってきます。冬は水のやりすぎは厳禁です。植え込み材料の内部に割りばしを差し込み、割りばしの先端が湿らなくなったら、完全に乾いたと考え

今月の主な作業

基本 冬越しの準備

て、その数日後の午前中に水やりを行います。

今月からくみ置いた水ではなく30～40℃のぬるま湯にして、3号鉢で100㎖、3.5号鉢で150㎖を目安に与えます。

- 肥料：施さない
- 病害虫の防除：低温による病気に注意

温度が下がっているにもかかわらず、水を多く与えていると、植え込み材料が常に湿ったままになり、細菌やカビの繁殖による根腐れが起こります。葉や株元にも病気は発生し、カビによる病気の炭そ病、細菌による軟腐病や褐斑細菌病などが起こります。発病したら、直ちに病気の葉を切除し、処分します。

冬の乾燥を防ぐ
ファンヒーターなどで加温して室内の空気が非常に乾燥しているときは、葉裏に霧吹きで水をかけ、保湿する。

主な作業

基本 冬越しの準備

最低温度が15℃を保てない場合、冬越し対策を急いで行います。ビニール袋を使った保温は70ページ、衣装ケースを使った保温は86ページを参照してください。

Column

植え込み材料の乾き具合をチェック

冬は割りばしを植え込み材料の中に差し込んで、内部まで完全に乾いているかどうかを調べます。

❶ 割りばしを差し込む
割りばしを植え込み材料の内部まで差し込む。根が傷つくこともあるが、過湿による根の傷みのほうが重症化しやすい。

❷ 先端部の乾き具合を調べる
割りばしを引き抜いて、先端部を指でつまみ、湿り気が感じられなければ、完全に乾いたと判断する。

December
12月

今月の管理
- ☀ 昼は窓辺、夜は部屋の中央
- 💧 乾いてから数日後
- ✖ 施さない
- 🍃 低温による病気に注意

基本 基本の作業
トライ 中級・上級者向けの作業

12月のコチョウラン

夜間の冷え込みがだんだん厳しくなります。暖かい部屋で最低温度15℃以上を確保すると、花茎が少しずつ伸び続けます。最低温度が15℃よりも低いと株の生育は停滞し、花茎の伸長も止まります。翌年2月までの間に下葉が1枚程度枯れることがありますが、今年、新葉が1.5枚以上大きく育っていれば問題ありません。最低温度が7℃を切ると、落葉し株が枯れることもあるので注意します。

ファレノプシス・エモーショナルムーン

管理

☀ 置き場：昼は明るい窓辺、夜は暖かい部屋の中央

昼間は明るい室内の窓辺に置きます。できるだけガラス越しの日光に当てます。寝るまで暖房をつけていても、夜間は冷え込んできます。夜は部屋中央のテーブルの上などの暖かい場所に移動させます。ファンヒーターやストーブからの熱風は直接当てないようにします。乾燥する場合は、葉裏に霧吹きをして湿らせます。

部屋の環境に合わせ、必要であれば空気穴をあけた透明ビニール袋で覆います。特に冷え込む一戸建てなどでは、株ごと衣装ケースに入れて冬越しさせるとよいでしょう。

💧 水やり：乾いてから数日後

栽培環境によって、乾き具合は大きく異なります。植え込み材料の内部に割りばしを差し込み、乾き具合を調べ、完全に乾いてから、数日後の午前中に水やりを行います。30〜40℃のぬるま湯を用意し、3号鉢で100 ml、3.5号鉢で150 mlを目安に、植え込み材料に直接与えます。葉のつけ根にたまった水は取り除きます。

> 今月の主な作業
>
> 作業は特にありません

- 🟦 **肥料**：施さない
- 🟢 **病害虫の防除：低温による病気に注意**

　水やり過多で、細菌やカビの繁殖による根腐れが起こります。また、低温が原因で、カビによる病気の炭そ病、細菌による病気の軟腐病や褐斑細菌病などが発生することがあります。いずれも発病に気がついたら、直ちに病気の葉を切除し、処分します。

　乾燥気味になると、コナカイガラムシやスリップスが発生することがあります。コナカイガラムシは使い古しの柔らかい歯ブラシや綿棒でこすり落とします。スリップスはマラソン乳剤などで防除します。霧吹きによる保湿は害虫の予防にもなります。

伸び始めた花芽、最低温度15℃以上を保つと、ゆっくりと成長が続き、花芽がふくらんで大きくなる。

Column

水やりのよくある勘違い

❶「控えめに」は量ではなく回数

　「冬は水やりを控えめに」と聞くと、1回当たりの水の量を減らすと勘違いする人が多いようです。1回の水の量は年間を通して同じ。乾いてもすぐに与えないなど、間隔を調整し、水やりの回数を減らします。

❷ 株ごとに合った水やりを行う

　1つの株が乾いたからと、ほかの株にも同時に水やりを行うのは間違いです。面倒でも、1株ずつ植え込み材料の乾き具合を調べてから、必要なものだけに水やりを行います。

❸ 受け皿に水をためない

　室内では鉢の下に受け皿を置いて栽培することが多いようです。水やり後に流れ出た水を受け皿にためておくと、いつまでも植え込み材料が湿って、根が腐りやすくなります。受け皿の水はすぐに捨てます。

❹ 冷水をかけない

　コチョウランは原生地では20℃以下の水温の水と出会ったことはありません。冷水をかけると凍傷のような低温障害が起こります。

保温設備を使った栽培
冬も最低温度 18℃以上で育てる

最低温度 18℃以上なら冬も成長

　本書ではコチョウランをマンションの暖かい室内などで最低温度 15℃程度で育てることをメインに紹介しています。しかし、東南アジアなど、コチョウランの原生地の環境を考えると、最低温度 18℃以上で冬越しさせたほうが本来の姿に近く、より理想的な栽培環境といえます。

　最低温度が 18℃以上あれば、年間を通して順調に成長が続きます。9月に花芽分化し、11月には株元に花芽となって現れ、12月には花茎がぐんぐん伸びて、1月には開花に至ります。年間を通じて、温度だけでなく水やりや肥料などの管理も適切に行えば、株が大きく育ち、市販のコチョウランのように毎年、花がたくさん咲くようになります。

保温設備の使い方

　フレームケース（88ページ参照）やワーディアンケースなどの保温設備があると、最低温度 18℃以上での冬越しの管理が容易になります。

　いずれも窓辺の明るい場所に置いて利用します。これらの保温設備は保温、保湿の効果がありますが、夜間に部屋の温度が下がると、時間がたつにつれ、ケース内部の温度も下がってしまいます。なるべく園芸用の安全性の高いヒーターとサーモスタットを設置します。また、ケースを閉めきると内部の空気が動かず、蒸れることがあるので、内気扇は必ず設置します。

ワーディアンケース
密閉式ガラスケース。アルミなどの骨組みにガラスをはめ込んだもの。暖房装置や換気扇、内気扇なども設置しやすい。補光のための照明器具を設置している（暑さに弱い植物には冷房装置も設置可能）。

保温設備の中で管理
10〜2月

この時期の管理
- 最低温度18℃以上を保つ
- 液体肥料を水やり代わりに
- 花の灰色かび病に注意

10〜2月のコチョウラン

フレームケースやワーディアンケースなど保温設備を使って冬越しを行う時期です。コチョウランは9月に最低温度18℃に20〜40日間あうと、花芽が分化します。その後、保温設備の中に入れて最低温度18℃以上であれば、葉や根の成長も止まることはありません。11月には花芽が出て、12月には花茎として伸び始めます。花は1月中旬から咲き、2月には最盛期を迎えます。

管理

置き場：最低温度18℃以上、最高温度27℃に保つ

明るい窓辺近くに置いた保温設備で栽培します。フレームケースやワーディアンケースの中で基本的にガラス扉やビニールのチャックを閉めて管理します。9月は花芽をつくるため、最低温度18℃に20〜40日間ほどあわせていましたが、その期間を過ぎれば、最低温度が18℃より高くなってもかまいません。最高温度の上限は27℃までです。

3月まで最低温度18℃以上、最高温度27℃の範囲で管理します。特に1〜2月は寒さが厳しい時期なので、サーモスタットの設定温度を随時調整して、最低温度18℃を切らないようにします。

湿度は霧吹きなどで60％に保ち、ケース内が蒸れないように内気扇などで常に空気を動かします。12月は花茎が伸長しますが、特にこの時期に蒸れると蕾が落ちてしまうことがあるので注意しましょう。

花が完全に咲いたら、室内で観賞することもできます。夜は保温設備の中に戻しましょう。

水やりと肥料：液体肥料を水やり代わりに

最低温度が18℃あれば、株の成長は続くので、植え込み材料の表面が乾いたら、水やり代わりに、規定倍率の2倍に希釈した液体肥料（三要素等量）を施します。水温は30℃前後が理想です。保温設備内にくみ置いた水を使って希釈すると、冷水で株を傷める心配がありません。分量は3号鉢で100㎖、3.5号鉢では150㎖が目安です。

この時期の作業

- 基本 花茎を支柱に留める
- トライ 観賞用の支柱立て
- 基本 花茎切り

 病害虫の防除：花の灰色かび病に注意

保温設備を使うとコナカイガラムシやナメクジが発生しやすいので、注意します。また、花には灰色かび病などが発生します。33ページを参考に防除します。

> Column
>
> ### サーモスタットの使い方
>
> サーモスタットは加温装置用と温度や湿度を下げるための換気装置用の2種類が必要です。最低温度18℃以上に保てるように設定しますが、フレームケースやワーディアンケースの置かれた環境や大きさなどによる温度むらなどで、設定温度と実際の温度にずれが生じる場合があります。必ず保温設備内に最高最低温度計を置いて、毎朝、実際の最低温度を確認しましょう。厳しい冷え込みが予想される場合は、あらかじめ、サーモスタットの設定温度を高めに設定することも必要です。

主な作業

基本 花茎を支柱に留める

花茎を安定させ、鉢の転倒を防ぐ

12月に花茎が長くなってきたら、支柱に留めます。具体的な作業は36ページを参照してください。

トライ 観賞用の支柱立て

花を固定し、花姿を整える

観賞用に花姿を整える場合に1〜2月に行います（40ページ参照）。

基本 花茎切り

一番上の節の上で切って、二番花を咲かせる

花後、早めに花茎を切ります。特に充実した株は二番花を咲かせることもできます（46ページ参照）。

置き場の周囲を湿らせない

フレームケースには水滴がついて、床や周囲を湿らせて、カビが発生することがある。下に大きめの受け皿を置いて、水の流出を防ぐ。透明衣装ケースが利用できる。

春の管理
3～5月

この時期の管理と作業
- 最低温度20℃以上を保つ
- 液体肥料を水やり代わりに
- 軟腐病や褐斑細菌病に注意
- 基本 植え替え

3～5月のコチョウラン

3月に入ったら、日光が強くなり、光合成が活発に行えるようになります。栽培温度を上げるとより成長促進につながります。また、咲いていた花は終わりかけてくるので、なるべく一番下の花が傷む前に切り花として楽しみましょう。株の負担が減り、来年確実に花を咲かせられます。

管理

置き場と温度管理：最低温度20℃以上、最高温度27℃以下で栽培

冬越し時と同じ、明るい窓辺近くに置かれたフレームケースやワーディアンケースの中で育てます。花後は園芸用のヒーターなどで加温して、最低温度20℃以上、最高温度27℃以下の自生地に近い温度帯で栽培します。難しければ最低温度18℃以上でもかまいません。3～4月にはまだ夜間に冷え込むときがあるので注意します。

また、暖かい日には昼の温度の上昇にも注意が必要です。換気扇用のサーモスタットは30℃を超えないように設定します。湿度は60～70％になるように適宜、霧吹きし、蒸れないように内気扇を稼働させ、絶えず空気を動かします。

水やりと肥料：液体肥料を水やり代わりに

植え込み材料の表面が乾いたら、水やり代わりに、規定倍率の2倍に希釈した液体肥料（三要素等量）を施します。保温施設内に水をくみ置いて、水温30℃前後になったものを使います。分量は3号鉢で100mℓ、3.5号鉢では150mℓが目安です。

病害虫の防除：軟腐病や褐斑細菌病に注意

植え替え後に傷口から細菌が入って、軟腐病や褐斑細菌病が発生することがあります。発病後は直ちに病気の葉を切除し、処分します。

主な作業

基本 植え替え
花茎を安定させ、鉢の転倒を防ぐ

花後の4月から植え替えが行えます。5月までが適期ですが、早めに行って株の充実を図ります。具体的な作業は50ページを参照してください。

夏の管理
6～9月

この時期の管理
- 保温設備の外で育てる
- 液体肥料を水やり代わりに
- 炭そ病などに注意

6～9月のコチョウラン

気温が高くなるので、特に保温は必要ありません。新たな葉が伸びて枚数がふえ、大きく広がります。9月は花芽分化の時期なので、温度管理に気をつけます。

管理

置き場：保温設備の外で育てる

保温設備から外へ出して、直射日光の当たらない明るい窓辺で育てます。最低温度20℃以上、最高温度32℃以下を保ちます。戸外での栽培も可能ですが、54～66ページの各月の置き場の項を参考にしてください。9月は最低温度18℃を20～40日間保ち、花芽分化を促します。

水やりと肥料：液体肥料を水やり代わりに

植え込み材料の表面が乾いたらすぐ、水やり代わりに、規定倍率の2倍に希釈した液体肥料（三要素等量）を施します。30℃前後の水を3号鉢で約100㎖、3.5号鉢では約150㎖を目安に与えます。花をたくさんつけるには置き肥を併用します。9月上旬にリン酸分の多い緩効性化成肥料を置き肥します。

病害虫の防除：炭そ病などに注意

葉焼けによる炭そ病などが発生します。67ページを参照してください。

主な作業

特にありません。

保湿設備がある場合の年間の作業・管理暦

	1	2	3	4	5	6	7	8	9	10	11	12
生育状態	最低温度が18℃以上						成長期					
	花茎伸長	開花				二番花の開花			花芽分化		花茎伸長	
置き場						直射日光の当たらない明るい窓辺						
	保温設備の中				（直射日光の当たらない明るい戸外でもよい）					保温設備の中		
水やりと肥料	乾いたら水やり代わりに液体肥料を施す							（緩効性化成肥料を置き肥してもよい）				
主な作業	花茎の仮留め			花茎切り							花茎の仮留め	
	観賞用の支柱立て			植え替え		二番花の花茎切り						

基本：基本の作業　トライ：中級・上級者向けの作業

Trouble rescue

トラブルレスキュー！
困ったときの Q&A

陥りやすい
栽培上の失敗を
まとめました。
適切に対処して、
株を健全に育てましょう。

Trouble rescue

Q 伸長中の花茎をつい誤って折ってしまいました。開花は難しいでしょうか？

A まだ咲く可能性があります。

　コチョウランの花茎には節がたくさんあり、もし伸長中の花茎を折ってしまっても、その下の節から新しい芽が出て、開花に至ることがあります。

　花茎は通常、斜めに伸びるので、鉢の移動や鉢の転倒などで折ってしまうことが多いようです。花茎を折ってしまわないためにも、なるべく早い時期に支柱を立てるか、鉢を吊るして栽培するようにしましょう。

　花茎が根元から折れても、株の反対側から新たな花茎が出てくることもあるので、あきらめず栽培を続けましょう。

折れた花茎の途中から新たに花芽が伸びて開花した。

Q 蕾が開花する前に黄色くなって落ちてしまいました。原因を教えてください。

A いくつか原因が考えられます。

　冬越しも成功して、春には花茎が伸び、もうすぐ開花というところで、大きな蕾が落ちてしまうことがあります。原因としては、

❶ 水を与えず極端な乾燥状態が続いた
❷ 空気中の湿度不足
❸ 置き場を変えたことによる環境変化
❹ 風通しの不良

が考えられます。

　❶は水やりの不足ですが、蕾が動いているのは株が成長している証拠なので、鉢内が乾いたら数日中には水やりを行うようにしましょう。

　よくあるのは❷です。冬にストーブなどの暖房器具のある部屋に置いて、空気が乾燥していたために蕾をだめにしてしまうケースです。鉢の周囲に霧吹きをしたり、加湿器を用いたりして湿度を保ちましょう。ただし、夜間に

困ったときのQ&A

温度が下がる場所では蕾へ直接霧吹きをしてはいけません。蕾をぬらしたまま低温に当たると、灰色かび病の原因になります。

❸については蕾が見えたら、なるべく環境を変えないようにしましょう。

❹のように鉢の周囲の空気が停滞していても、蕾が落ちることがあります。できるだけ風通しのよいところで管理しますが、その一方で、乾燥した熱い空気や冷たい空気が当たると、蕾を落とす原因になるので、注意が必要です。

以上のような点に心当たりがなければ、株を購入する前の環境も原因として考えられます。園芸店で寒いところに置かれていた株や、流通の段階で車内で蒸れてしまった株などは、購入後、蕾が落ちることがあります。

大きな蕾が落ちても花茎の先端には小さな蕾が残っていることが多く、やがて大きくふくらんで開花するので、あきらめずに管理を続けましょう。

Q 冬の間、あまり日が当たらないのですが……。

A 照明器具で光を補うことも可能です。

冬場は日光に当たる時間が短くて光合成が十分にできず、株の体力が衰えてきます。窓辺に置いても、十分な日光がさし込まないなどの場合は、LEDや蛍光燈などの照明器具の下に置いて、光を補う方法もあります。加温の効果もあるので、透明の衣装ケースなどに鉢を入れ、大きな透明ビニール袋をかぶせておくとよいでしょう。

Trouble rescue

Q 冬越しに失敗しました。再生は可能でしょうか？

A 再生可能です。葉の有無によって再生方法が異なります。

葉が落ちてしまった株

12～3月の間に、置き場の温度・日照不足、水やり過多などで冬越しに失敗し、急に葉がぱらぱらと落ちることがあります。また、冬の間の管理がうまくできず、株が弱ったときに病害虫に侵され、葉に深刻なダメージを負うこともあります。

こうした株は、5月下旬まで一切水を与えずに管理します。茎の中心の底部が健康であれば、6月になるとわき芽が動きだして子株が出たり、新葉が急に動きだしたりする可能性があります。

3月中は植え込み材料を乾かし、落葉した傷口も乾燥させます。4～5月は、葉が落ちた茎の中心に水がかからないように、霧吹きなどで水ゴケの表面のみ、湿気を与えるような水分補給を行います。

コチョウランに限らず、熱帯性の植物の場合、枯死したかどうかは、7月中旬になるまでほとんどわかりません。冬に落葉したからといって、慌てて株を廃棄しないようにしましょう。

病気により葉が傷んでしまった株。7月中旬になっても新葉やわき芽が出なければ、再生の可能性はないので処分する。

困ったときの Q&A

葉が残っている株

葉が残っている株も、葉がしなびて、元気がなくなっていると思います。病気の発生がなければ、ビニール袋などに入れて養生すると、再生することもあります。

葉先に病気が発生している株は、葉を半分ぐらいに切り詰めましょう。500 ml の水に 15g の砂糖を溶かした砂糖水に新聞紙を浸して、葉を挟みます。透明のビニール袋に入れて密閉したら、その袋ごと、室内のガラス越しの日光がよく当たるところに置きます。

2か月後には葉がピンと張って厚みを帯びてくることもあります。

しなびた葉を復活させる方法

{ビニール袋に入れる}

① 鉢内を湿らせてから、ビニール袋に入れて、日光の当たる室内に置く。

② 2か月ぐらいすると、葉につやが戻り、しっかりとしてくる。

{葉を砂糖水につける}

① 500ml の水に 15g の砂糖を溶かした砂糖水に新聞紙を浸す。砂糖の割合は3％程度が適当。

② ①の新聞紙で葉を包み、密着させて乾くまで置いておく。すべての葉に行うと効果的。

Trouble rescue

 Q 一つ一つビニール袋をかけるのが大変です。

 A 衣装ケースを利用しましょう。

衣装ケースで保温する方法

ミニコチョウランや小型の原種などは、半透明の衣装ケースを冬越しに役立てることができます。囲いがあるために、室内暖房から生じる異常に乾燥した空気やドアなどからの冷たいすき間風を避けることができます。

夜間には毛布などをかけて保温に努めます。12月から2月までふたを閉めて育て、水やりは1か月に1回程度にとどめましょう。10月から11月、そして3月は温度が上がり蒸れることがあるので、ふたの開閉で温度調整を行います。

半透明の衣装ケースを利用した冬越し対策。鉢はトレイごと入れると安定する。

内部には最高最低温度計を入れ、極端な低温や高温にならないよう、ふたの開閉をする。15〜32℃が理想。

12〜2月はふたを閉めて、レースのカーテン越しの日光の当たるところに置く。10、11、3月はふたの開閉で温度調節するとよい。

密閉するとケース内で水が循環し、湿度が保てる。

葉と葉はできるだけ触れ合わないように置く。日ざしが強い場合は、側面やふたに黒いテープを貼って遮光。

困ったときの Q&A

Q 冬に開花中の大鉢を保温するには……。

A 夜間だけプレートヒーターにのせる方法があります。

冬にギフトなどで大鉢のコチョウランを入手することがあります。昼間は室内で観賞しているものの、夜間に温度が下がると花の寿命が短くなり、あとの成長も悪くなるおそれがあります。保温のため、夜に大きなビニール袋をかける方法がありますが、毎朝外すときに花を傷めてしまう可能性もあります。

そこで、園芸用のプレートヒーターを使います。根の部分が温まるので、株はダメージを受けることなく冬越しができます。

Q いつも冬の寒さで枯らしてしまうのですが。

A 冬の夜間の温度管理が、コチョウランをうまく育てるコツです。

コチョウランのように厚く柔らかい葉をもつ植物は、薄くて堅い葉をもつ植物とは異なり、炭酸ガスなどを昼間ではなく夕方に取り入れておくため、夜間も活発に活動しています。

しかし、夜間の温度があまりにも低いと、葉の裏の気孔が正常に働かなくなり、根の先端の細胞分裂もできず、活動が完全に停止してしまいます。そして、耐病性がなくなり、鉢内に潜む低温性のバクテリアが根を侵し、やがて根腐れといった症状が現れます。

7℃以下だと確実にコチョウランは具合が悪くなります。1日や2日で、すぐに枯れることはありませんが、徐々にダメージがたまり、気がついたときには根腐れと葉の脱水症状で、手がつけられない状態になってしまいます。

縁側、サンルーム、リビングなどは、夜間でもある程度暖かいと勘違いしてしまいがちです。まずは最高最低温度計を利用して、夜間の最低温度を知るところから始めましょう。確実な温度帯を知るためにも、鉢と同じ高さに設置して、毎日測定しましょう。

園芸用プレートヒーター。表面は30℃以上になる

鉢は直接置かず、素焼きの平鉢を逆さに置いて、その上にのせる

台代わりに平鉢を置くと、テーブルや棚が熱くならない

Trouble rescue

Q 手軽に利用できる保温設備はありますか？

A フレームケースがおすすめです。

フレームケース
プラスチックやスチールパイプなどの骨組みにビニールなどをかぶせたもの。水受け皿がないので、室内では防水シートなどを敷く必要がある。加温するには、別途プレートヒーターやサーモスタット、内気扇などが必要なタイプが多い。

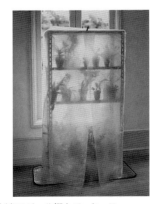

手づくりスチール棚カバーケース
スチール棚に梱包用のエアーキャップシートなどをかぶせたもの。フレームケースと同等の効果が得られる。

Q 寒さに強いコチョウランはあるのでしょうか？

A ミニやミディが、比較的寒さに強いです。

ミニや通常のコチョウランとミニサイズの中間にあたるミディサイズのものが寒さに強いといわれています。

例えば、台湾に自生しているファレノプシス・アマビリスや、アマビリスを親にもつ交配種は、最低温度7℃でも冬越し可能といわれています。

フィリピン原産のファレノプシス・エクエストリスは小輪多花性の小型種で、最低温度5℃まで耐えるといわれています。また、タイ原産のドリティス・プルケリマはもっと寒さに強く、最低温度3℃が目安です。

しかし、いずれも低温がずっと続くと枯死してしまうので、やはりできるだけ最低温度は高めで管理しましょう。

ファレノプシス・エクエストリス。最低温度は5℃以上。

ドリティス・プルケリマ。最低温度3℃以上で冬越し可能。

困ったときの **Q&A**

 葉が裂けてしまいました。

 瞬間接着剤でくっつけましょう。

コチョウランは葉の先端から2つに裂けることがあります。そのままにしておくと、ますます割れが広がります。傷口を放置しておくと病気の原因になることもあるので、気がついたら早めに瞬間接着剤でくっつけておきましょう。

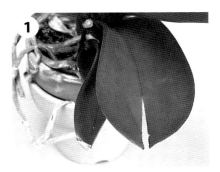

1 先端から割れてきた葉。

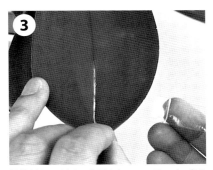

3 接着剤をつけたら、先端をセロハンテープで留めておく。

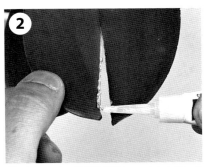

2 割れたところに、瞬間接着剤をていねいに塗っていく。

4 接着剤が乾いたのを確認して、セロハンテープを取る。

Trouble rescue

Q 葉がプロペラ状になります。どうすれば、贈答用のように美しい株姿になりますか？

A 一定方向から光を当てましょう。

もともとコチョウランの葉は、左右180度に開くものではなく、傾いて広がるのが普通です。常に一定方向を日光に向けて育てると、新しく葉が伸びても、向きがばらばらのプロペラ状になることはありません。

時計の12時を南、6時を北、9時を東、3時を西とすると、葉を10時半と4時半の方向に置きます。このように置くと、花茎は光の強い方向に伸長するので、ちょうど真ん中の1時の方向に伸びていくことになります（通常1日のうち正午から午後1時ごろが最も日光が強い）。

窓の向きなどで必ずしもこのように置くことができない場合は、一番光の強い方向に向けて、常に同角度に置いて栽培しましょう。

一度、プロペラ状になった株は一番上の葉の向きを中心に方向を決め、それ以後は、向きを変えないように2年栽培すれば、下葉が落ちて同じ方向へ向いた葉の株に生まれ変わります。

花芽が伸びる方向

葉の向きがばらばらになり、プロペラ状になった株。

> Pest Control

徹底解説！
病害虫防除

毎年、きれいな花を楽しむには、
病害虫対策が必須です。
病害虫に侵されると健全な成長が
できなくなるだけでなく、
株が枯れてしまうこともあります。

病気の防除

ウイルスによる病気

ウイルス病

最も怖い病気の一つです。害虫や植え替えの際に用いるハサミなどからうつります。葉を太陽光に透かし、モザイク状の模様になっていれば、まずウイルス病に間違いありません。ひどい場合は、花もモザイク模様になり、観賞に堪えられなくなります。一度かかってしまったら治らないので、株を処分するしかありません。

ウイルス病を予防するには、媒介するアブラムシ、スリップスなどを完全に駆除します。鉢底から流れ出る水が、ほかの鉢にかからないようにし、鉢や植え込み材料の再使用も避けましょう。植え替えなどに使うハサミは、必ずライターなどの火で刃先を焼いて消毒します。

細菌（バクテリア）による病気

軟腐病（なんぷ）

葉に水にぬれたような斑点や斑紋ができ、次第に褐色に変わって、ぶよぶよに腐敗します。被害部からは、ほどなくして褐色の水滴がしみ出し、独特の腐敗臭を発します。この水滴が水やり時に飛散すると、ほかの株に伝染するので要注意です（33ページ参照）。

褐斑細菌病（かっぱんさいきん）

葉に水でぬれたような小さな淡褐色の斑点ができます。徐々に広がって褐色になり、その周囲がやや黄色く変色します。進行しやすい高温多湿下にあると、さらに斑点が大きくなり、葉全体に及んで腐敗させ、やがて株を枯死させます。

発生した株は直ちに廃棄するか、被害にあった部分を完全に切り取ります。薬剤散布だけの治療はきわめて難しいので、予防に努めましょう。

褐斑細菌病。葉がぬれたようになり、変色する。

徹底解説！ 病害虫防除

カビによる病気

炭そ病

黒色の斑点が特徴です。斑点は被害にあった部分と健全な部分との境界が黒褐色で、健全な部分はわずかに黄白色になります。葉焼けとよく間違えられますが、単純な葉焼けは、初め黒褐色ですが、すぐにカサカサに乾燥して茶褐色から白色へと変化します。

できるだけ黒褐色の部分に触れないで、周囲を含めて緑の部分まで、カッターなどでくりぬきます。

炭そ病。患部は茶褐色、周囲は黒褐色になる。

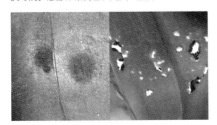
葉焼けの初期症状（左）と進行した葉焼け（右）。

灰色かび病

低温時に過湿状態にあると、蕾や開花直後の花に発生します。水にぬれたような小さな斑点を生じて、やがてそれが褐色となり、放置すると斑点に灰色から緑灰色のカビが生じ、風や水やりによって胞子が飛散します。侵された株の枯れ葉や花がらから広がることが多いので、放置しないことです。保温設備内で広がり始めたときは除湿したうえで、アフェットフロアブルやベニカXファインスプレーなどで防除します。

灰色かび病。花に発生して観賞価値を落とすので要注意。

フザリウム立枯病（たちがれ）

根や地際から感染し、葉が急速に黄変したあと、褐色になって激しい脱水症状に陥ります。株全体だけでなく、株の一部にだけ現れることもあります。

枯死して腐敗した部分には紅色から赤褐色のカビや白い菌糸が生じます。中央基部の葉が侵された株は救えません。予防は地際部に長時間水がたまったり、蒸れたりしないようにすることです。

フザリウム立枯病。根や地際部から感染し、拡大する。

害虫の防除

病気にかかってしまったら

　直ちに水やりを止めて乾かし、患部を切除するだけでも病気の拡大は止められます。

　消毒したナイフやハサミを使って、患部に触れないように切り取ります。患部に触れた刃には病原菌がたくさん付着しているので、必ず切る直前と切った直後にはライターなどの火で殺菌する習慣をつけましょう。

　切り落とした葉はビニール袋などに入れて処分します。

一番大切なのは予防すること

　病気の原因は栽培環境が整っていないことによる株の耐病性の低下で起こることがほとんどです。季節の変わり目に発病することが多いのは、環境の変化に株が対応できないためだといえます。風通し、温度、光の3つの条件を最適にし、株に負担のない環境を整えましょう。

　病気は一度かかると株に与えるダメージが大きく、なかなか回復しません。日ごろから健全な株を育てることが予防につながります。

コナカイガラムシ

　開花期からよく発生します。コナカイガラムシは移動するので、やっかいです。放置しておくと、すす病を併発します。見つけたらすぐにぬれティッシュなどでこすり落とします。植え替え時にも注意して観察し、株に付着していたら完全に取り除きましょう。

コナカイガラムシの防除

葉の裏につきやすいので注意が必要。

株を立てて落とすと落ちた害虫がまた株につくので、寝かせてこすり落とす。

徹底解説！病害虫防除

害虫によってもウイルス病やカビなどによる病気が広がります。その点でも害虫の予防、駆除は大切です。

ダニ類

ケナガコナダニ

開花期に発生し、蕾の中に入って食害します。蕾が黄色になり、枯れたり、花が縮れたりします。

ハダニ

梅雨明けから8月に高温乾燥下で多く発生します。葉の裏がかすり状になったり、白い斑点が見られたりします。葉裏を指でこするとべたつくことがあります。拡大鏡で見ると0.2mmほどのダニが確認できます。こまめに葉水をかけることで予防できます。発生したら、マラソン乳剤などを散布します。

スリップス（アザミウマ）

高温乾燥下で発生しやすく、3月の日ざしが強くなるころから、蕾や花を吸汁してダメージを与えます。花弁の重なったところが、かすり状になったり、茶褐色のあざ状になったりします。マラソン乳剤、オルトランなどで防除します。

アブラムシ

あまり多くありませんが、スリップスにやや遅れて発生することがあります。蕾や花、花茎につきます。特に黄色の蕾が被害にあうことが多いので注意します。ひどい場合は蕾が落ちたり、開花しなくなったりします。放置すると脱皮殻が残ったり、すす病が発生したりするので、早めに対処しましょう。

アブラムシは光るものを嫌うので、鉢の下にアルミホイルを敷いたり、タコ糸で20cm四方に切ったアルミホイル片を吊り下げておいたりするのも予防になります。マラソン乳剤などで防除しましょう。

ナメクジ

梅雨の時期になると、多湿を好むナメクジによる食害が目立ってきます。日中は鉢の裏側に潜み、夜間に蕾、花、根の先端、新葉などを食害します。

ナメクジが通ったあとに、白く光る粘液性の被膜が残るので、見つけしだい、捕殺します。誘殺剤（メタアルデヒド剤）は、できれば、水やり後に使用するようにします。

富山昌克（とみやま・まさかつ）

1964年、大阪府藤井寺市生まれ。千葉大学園芸学部卒業後、ハワイ大学熱帯園芸学部交換研究生を経て、メリクロンアーツおよび富山蘭園・奈良農場代表。植物バイオテクノロジーを用いた花の品種改良や園芸機材・用品の開発、専門学校などでの園芸教育、ガーデニングの普及活動や講演などで活躍。世界のラン自生地を巡り研究を続ける。著書に『洋ランⅠ 室内屋外管理』、『洋ランⅡ 温室管理』（以上保育社）、『ラン科植物のクローン増殖』（トンボ出版）、『NHK趣味の園芸 よくわかる栽培12か月 デンファレ』（NHK出版）などがある。
ホームページ
http://www.tommy78stella.com

NHK 趣味の園芸
12か月栽培ナビ③

コチョウラン

2017年1月20日　第1刷発行
2025年6月25日　第12刷発行

著　者　富山昌克
　　　　©2017 Tomiyama Masakatsu
発行者　江口貴之
発行所　NHK出版
　　　　〒150-0042
　　　　東京都渋谷区宇田川町10-3
　　　　TEL 0570-009-321（問い合わせ）
　　　　　　0570-000-321（注文）
　　　　ホームページ
　　　　https://www.nhk-book.co.jp
印　刷　TOPPANクロレ
製　本　TOPPANクロレ

ISBN978-4-14-040276-4　C2361
Printed in Japan
乱丁・落丁本はお取り替えいたします。
定価はカバーに表示してあります。
本書の無断複写（コピー、スキャン、デジタル化など）は、著作権法上の例外を除き、著作権侵害となります。

表紙デザイン
岡本一宣デザイン事務所

本文デザイン
山内迦津子、林 聖子
（山内浩史デザイン室）

表紙撮影
田中雅也

本文撮影
田中雅也
伊藤善規／成清徹也

イラスト
五嶋直美
江口あけみ
タラジロウ（キャラクター）

スタイリスト
石崎 純

校正
安藤幹江

編集協力
三好正人

企画・編集
上杉幸大（NHK出版）

取材協力・写真提供
おぎの蘭園
黒臼洋蘭園
国分寺洋蘭園
椎名洋ラン園
スズキラン園
スマイルオーキッド
タリエン
富山蘭園・奈良農場
花匠
花職人
松浦園芸
メリクロンアーツ
モテギ洋蘭園
森田洋蘭園